SOCIÉTÉ NATIONALE ET CENTRALE
D'AGRICULTURE.
SÉANCE DU 12 MARS 1851.

ÉTUDES

SUR LES

RENDEMENTS DU GROS BÉTAIL
DE BOUCHERIE

PRIMÉ DANS LES CONCOURS NATIONAUX
DE POISSY, LYON, BORDEAUX,
ET
LES ANIMAUX ENGRAISSÉS DANS LES BOUVERIES NATIONALES;

par O. Delafond,
membre de la Légion d'honneur, professeur à l'école nationale vétérinaire d'Alfort,
président annuel de la Société nationale et centrale de médecine vétérinaire,
membre titulaire de la Société nationale et centrale d'agriculture,
membre titulaire de l'Académie nationale
de médecine, etc., etc.

PARIS,
IMPRIMERIE D'AGRICULTURE ET D'HORTICULTURE
DE Mme Ve BOUCHARD-HUZARD,
5, RUE DE L'ÉPERON.

1851

SOCIÉTÉ NATIONALE ET CENTRALE
D'AGRICULTURE.
SÉANCE DU 12 MARS 1851.

ÉTUDES
SUR LES
RENDEMENTS DU GROS BÉTAIL
DE BOUCHERIE
PRIMÉ DANS LES CONCOURS NATIONAUX
DE POISSY, LYON, BORDEAUX,
ET
LES ANIMAUX ENGRAISSÉS DANS LES BOUVERIES NATIONALES;

par O. Delafond,
membre de la Légion d'honneur, professeur à l'école nationale vétérinaire d'Alfort,
président annuel de la Société nationale et centrale de médecine vétérinaire,
membre titulaire de la Société nationale et centrale d'agriculture,
membre titulaire de l'Académie nationale
de médecine, etc., etc.

MESSIEURS,

Depuis la fondation du concours national de Poissy, l'administration supérieure de l'agriculture a rendu compte des opérations des concours et du rendement des bœufs primés; elle a ajouté à ces documents les rendements des animaux de diverses races engraissés dans les bouveries nationales de Poussery (Nièvre) et du Pin (Orne).

Dans un but que l'on ne saurait trop louer, l'administration a aussi réuni à ces comptes rendus les documents relatifs

1° Aux animaux qui devaient être présentés au concours en 1848;

2° Aux bœufs qui n'ont point été primés en 1850. Des

dessins représentant les animaux les plus remarquables des concours et la coupe du bétail des bœufs abattus dans les boucheries de Paris, de Lyon, de Bordeaux et de Lille ont été ajoutés au texte de l'exposé administratif; de très-précieux renseignements donnés par M. de Torcy sur les diverses nourritures des différents animaux de sa vacherie, depuis leur naissance jusqu'au jour de leur abatage, enfin le prix de revient de ces animaux, complètent les documents fournis par M. le ministre de l'agriculture.

Les renseignements recueillis sur chacun des animaux primés se rattachent

1° A leur âge;

2° A leur taille;

3° A leur conformation;

4° A leur race;

5° Au mode de transport employé par l'engraisseur jusqu'au lieu du concours;

6° A la nature et à la ration de la matière alimentaire qui a servi à l'engraissement et à la durée de celui-ci;

7° Au poids de l'animal le jour du concours et au moment de l'abatage;

8° Au rendement en chair des quatre quartiers et à celui en viande de première, de seconde et de troisième qualités;

9° Au rendement en suif.

Enfin se trouvent consignés le poids du cuir et celui des abats, du sang, des matières excrémentitielles, etc., provenant de chaque animal primé. Malheureusement ces renseignements ne peuvent *rigoureusement* servir à élucider cette grande et importante question, à savoir, quelles sont comparativement entre elles les races françaises ou étrangères qui offrent le meilleur type de conformation; quelles sont celles qui consomment le moins et qui rapportent le plus à l'éleveur; enfin et surtout quelles sont celles aussi qui fournissent le plus de viande à la consommation et au plus bas prix possible. C'est qu'en effet, à part une assez bonne quantité de chiffres officiels fournis soit par les propriétaires des animaux, soit par les bouchers, soit par les inspecteurs des abattoirs, soit même par les commissaires du rendement nommés par M. le ministre de l'agriculture, ils sont ou incomplets, ou inexacts, ou diversement présentés.

L'administration a parfaitement compris toute l'importance qui se rattache à la belle conformation des bœufs présentés dans les concours nationaux; aussi n'a-t-elle point négligé de fournir aussi exactement que possible les mesures de la hauteur et de la largeur de l'animal, de la circonférence circulaire et oblique de son thorax, de la largeur et de la longueur de ses hanches, de la grosseur de son avant-bras et de son canon. Malheureusement il ne nous a pas été possible d'utiliser dans ce travail tous ces précieux documents parce qu'ils manquent d'uniformité.

Le chiffre du poids de la chair, du suif, du cuir a été transcrit d'après les notes qui ont été remises à l'administration; mais le poids du sang, des intestins, des excréments ou des issues est très-inexactement exprimé. Le rendement proportionnel des quatre quartiers a toujours été rattaché à 100 de poids vif; mais cette proportion a été établie soit sur le chiffre donné par la balance à l'époque du concours, soit sur celui noté le jour de l'abatage. De là des différences fort grandes dans le poids de ce rendement proportionnel, selon le temps qui s'est écoulé depuis le concours jusqu'au moment du sacrifice de l'animal. Le rendement proportionnel du suif et le poids proportionnel du cuir ont été tantôt rattachés au poids vif, d'autres fois au poids des quatre quartiers. Si les déchets ont été notés, la proportion n'en a point été établie avec le poids vif. Ici la proportion s'est arrêtée au décagramme; ailleurs elle a été poussée jusqu'au gramme. Dans tel concours le poids du rognon de graisse a été compris dans les quatre quartiers; ailleurs il en a été distrait (1). Avec tous ces chiffres disparates, les comptes rendus

(1) La très-grande différence que nous avons rencontrée dans les rendements des concours de Lille, et la difficulté d'accorder les chiffres de

des concours nationaux des animaux de boucherie sont donc, nous le disons avec regret, un véritable dédale où l'homme le plus habile et le plus patient peut s'égarer, sans pouvoir parvenir à se rendre un compte exact et comparatif du rendement des cent soixante et quelques bœufs et vaches qui y sont chiffrés. Qu'il nous soit donc permis, nous qui avons compulsé, vérifié et groupé tous ces chiffres pour arriver à un résultat, de dire à l'administration supérieure combien il serait utile, nous dirons même nécessaire, qu'un cadre fût tracé pour les opérations du rendement des animaux primés dans tous les concours, et que le rendement proportionnel de la chair, du suif, du cuir et des abats, rattaché au poids vif, fût partout et toujours calculé sur les mêmes bases. L'administration éviterait ainsi une dépense de temps considérable aux agriculteurs qui désirent se rendre un compte exact et comparé de la valeur économique des races françaises et étrangères primées dans les concours.

Dans l'intérêt de l'agriculture, dans celui de la société, et aussi, nous ne devons point hésiter à le dire, dans le but de notre instruction, nous avons résolu de chercher à utiliser les documents fournis, depuis 1845 jusqu'à 1850, dans les deux volumes des comptes rendus publiés par les soins du gouvernement.

Pour atteindre ce résultat, nous avons noté le poids vif de 157 bœufs ou vaches inscrits dans les comptes rendus, et le poids net des quatre quartiers, de la graisse et du cuir.

Cette opération terminée, nous avons établi le rendement proportionnel des quatre quartiers pour 100 de poids vif.

Quant au rendement proportionnel de la graisse, nous nous sommes demandé si nous devions établir la proportion de ce rendement au poids vif ou au poids des quatre quartiers, ainsi que l'administration l'avait opéré dans un grand nombre de calculs.

---

ces rendements avec ceux fournis sur les animaux primés à Poissy, à Lyon et à Bordeaux, nous ont engagé, à notre grand regret, à abandonner ces documents.

MÉMORANDUM GÉNÉRAL DES PRIX *décernés, depuis l'année 1845, dans les concours nationaux de Poissy, Lyon et Bordeaux; du poids vif, du rendement, de la qualité de la viande et de la graisse, tant des bêtes primées que de plusieurs animaux exhibés à Poissy ou engraissés dans les bouveries de l'État.*

LIEUX DU CONCOURS.	NOMS DES ENGRAISSEURS.	BOEUFS.	VACHES.	RACES.	AGES.	POIDS VIF.	PROPORTION DU POIDS MORT POUR 100 DE POIDS VIF: EN VIANDE DES QUATRE QUARTIERS.	EN GRAISSE.	EN CUIR.	EN ISSUES ET DÉCHET.	PRIX OBTENUS.	QUALITÉ DE LA CHAIR.	QUALITÉ DE LA GRAISSE.	TEMPS ÉCOULÉ DEPUIS LE CONCOURS JUSQU'AU MOMENT DE L'ABATAGE.
						Kilog.	Kil. gr.	Kil. gr.	Kil. gr.	Kil. gr.				
POISSY	Masse	Bœuf.	»	Charolaise.	4 ans 9 mois.	632	61,116	9,376	5,516	23,990	Premier prix, jeunes bœufs.	Bonne seconde, pas assez mûre.	Première qualité.	»
Id.	de Torcy	Id.	»	Durham.	3 ans 2 mois.	876	61,880	4,909	6,061	24,000	Deuxième prix, idem.	Seconde qualité, chair non mélangée de graisse.	Suif sec.	»
Id.	Goupil	Id.	»	Cotentine.	3 ans 9 mois.	1,005	62,781	9,253	5,470	21,296	Deuxième prix, idem.	Première qualité, bien mûre.	Première qualité, mûre sur la culotte.	»
Id.	Boscher	Id.	»	Durham-cotentine.	2 ans 10 mois.	960	59,179	7,197	5,937	27,497	Troisième prix, idem.	Bonne seconde qualité, bien mûre.	Première qualité.	»
Id.	Gonichon	Id.	»	Cotentine.	4 ans.	900	62,541	4,206	5,212	25,549	Quatrième prix, idem.	Troisième qualité.	Bonne, mais non persillée.	»
Id.	Hervieux	Id.	»	Charolaise.	5 ans.	1,160	67,921	3,414	5,129	24,536	Premier prix, bœufs de 800 kil. ou moins.	Seconde qualité, pas assez grasse.		»
Id.	Hervieux	Id.	»	Durham-charolaise.	4 ans 9 mois.	1,157	61,538	6,366	5,312	26,784	Deuxième prix, idem.			»
Id.	Goupil	Id.	»	Cotentine.	»	1,350	58,850	11,419	5,071	24,131	Quatrième prix, idem.	Bonne seconde, pas assez marbrée.	Première qualité, pas de graisse sur la culotte.	»
Id.	Chataignier	Id.	»	Salers.	6 ans.	975	67,384	5,521	6,208	19,487	Cinquième prix, idem.	Bonne seconde qualité.		»
Id.	Dumas	Id.	»	Limousine.	7 ans.	950	69,263	7,789	7,386	15,547	Sixième prix, idem.	Première qualité.	Première qualité.	»
Id.	Chamard	Id.	»	Charolaise.	4 ans 5 mois.	642	60,857	5,565	7,331	26,247	Troisième prix, bœufs de 700 kil. ou plus.	Troisième qualité, pas mûre.	Pas de dégras.	»
Id.	Masse	Id.	»	Durham-charolaise.	3 ans 11 mois.	740	63,553	7,894	5,857	22,801	Premier prix, idem.			»
Id.	Cheret	Id.	»	Choletaise.	7 ans.	790	61,722	11,455	6,295	20,408	Deuxième prix, idem.	Première qualité, bien marbrée.	Première qualité, abondant en dégras.	»
POISSY.	de Torcy	Id.	»	Durham-normande.	3 ans 4 mois.	900	61,510	8,778	5,784	24,031	Premier prix de jeunes bœufs.	Première qualité, supérieure.	Belle, bien mûre.	»
Id.	Boscher	Id.	»	Durham-cotentine.	3 ans 1 mois.	652	60,856	6,472	6,270	26,293	Deuxième prix, idem.	Bonne.	Bonne.	»
Id.	Massé	Id.	»	Charolaise.	5 ans 11 mois.	800	64,000	7,340	6,301	22,156	Troisième prix, idem.	Bonne seconde, bien mélangée.	Mûre, d'un beau jaune.	»
Id.	Boscher	Id.	»	Durham-cotentine.	3 ans 11 mois.	858	65,674	6,474	6,054	22,748	Quatrième prix, jeunes bœufs de 700 k. ou plus.	Première qualité.	Première qualité.	»
Id.	Hervieux	Id.	»	Durham-charolaise.	3 ans.	804	64,552	5,721	6,592	22,135	Cinquième prix, idem.	Première qualité.	Première qualité.	»
Id.	Cessons-Lavau	Id.	»	Salers.	5 ans.	932	65,820	»	»	»	Premier prix, bœufs de 800 kil. ou moins.	Très-bonne, première qualité.	Très-bonne, jaune doré.	»
Id.	Hervieux	Id.	»	Durham-charolaise.	5 ans.	900	64,141	7,828	5,454	22,577	Deuxième prix, idem.			»
Id.	Boscher	Id.	»	Cotentine.	7 ans.	1,184	60,524	8,157	5,705	25,614	Troisième prix, idem.	Première qualité.	Première qualité.	»
Id.	Chauveau	Id.	»	Salers.	5 ans.	982	63,456	4,636	6,400	25,172	Quatrième prix, idem.	Première qualité, marbrée.	Mûre, pas assez jaune doré.	»
Id.	Maschew	Id.	»	Salers.	5 ans.	1,014	66,870	7,390	6,015	20,219	Cinquième prix, idem.	Première qualité, fine de grain.	Mûre et ferme, jaune paille.	»
Id.	Cornet	Id.	»	Cotentine.	7 ans 5 mois.	775	61,954	8,451	6,302	20,540	Premier prix, bœufs de 700 kilog. ou plus.	Première qualité, fine de grain, marbrée.	Mûre, ferme, d'un beau jaune.	»
Id.	de Torcy	Id.	»	Durham-cotentine.	3 ans 5 mois.	784	58,381	10,249	6,458	22,912	Deuxième prix, idem.	Bonne.	Belle et bonne.	»
Id.	Chenu	Id.	»	Durham-charolaise.	6 ans.	814	58,543	6,516	6,451	27,490	Troisième prix, idem.	Première qualité, sans finesse.	Jaune clair.	8 jours.
POISSY.	de Behague	Id.	»	Durham-charolaise.	3 ans 9 mois.	825	65,672	9,333	6,666	18,129	Premier prix, jeunes bœufs.	Belle première qualité, un peu sombre.	Bonne couleur beurre frais.	»
Id.	Masse	Id.	»	Charolaise.	3 ans 9 mois.	805	66,298	7,503	5,696	19,985	Deuxième prix, idem.	Première qualité, très-bonne.	Première qualité, belle couleur jaune clair.	5 jours.
Id.	de Torcy	Id.	»	Durham-cotentine.	4 ans 3 mois.	915	62,016	10,978	5,301	21,695	Troisième prix, idem.	Première qualité.	Bonne, bien mûre, jaune d'or.	7 jours.
Id.	Auglish	Id.	»	Cotentine.	3 ans.	876	60,[illegible]	11,380	6,150	22,211	Quatrième prix, idem.	Première qualité, fine.	Bonne, bien mûre, pas jaune.	6 jours.
Id.	de Torcy	Id.	»	Durham-suisse.	4 ans 1 mois.	945	61,943	7,617	5,792	20,446	Cinquième prix, idem.	Graisse sans être fine.	Bonne, belle couleur.	8 jours.
Id.	Duval	Id.	»	Durham-cotentine.	4 ans.	992	61,112	8,575	6,841	20,512	Sixième prix de races.	Première qualité.	Belle couleur, brûlée en dedans.	8 jours.
Id.	Goupil	Id.	»	Cotentine.	6 ans.	1,120	61,556	7,949	6,405	24,010	Deuxième prix, idem.	Première qualité, fine.	Bonne, belle couleur dorée.	»
Id.	Boscher	Id.	»	Cotentine.	7 ans.	1,025	60,000	11,219	4,975	23,806	Quatrième prix, idem.	Première qualité, marbrée, fine.	Belle qualité, couleur beurre frais.	»
Id.	Massé	Id.	»	Charolaise.	7 ans 1 mois.	865	64,810	11,795	5,595	18,240	Troisième prix, idem.			»
Id.	Simon	Id.	»	Durham-charolaise.	4 ans 10 mois.	1,000	66,400	7,750	7,200	18,650	Quatrième prix, idem.	Deuxième première qualité.	Couleur jaune-beurre frais, suif brûlé.	»
Id.	Cessons-Lavau	Id.	»	Salers.	5 ans.	1,065	61,789	8,282	6,103	23,817	Premier prix, idem.	Première qualité.	Première qualité, jaune-beurre.	»
Id.	Rivet	Id.	»	Salers.	6 ans.	931	67,513	9,790	5,881	21,806	Deuxième prix, idem.	Première qualité, bien marbrée.	Première qualité, jaune-beurre.	»
Id.	Dumas	Id.	»	Limousine.	7 ans.	920	67,380	8,303	6,703	16,958	Troisième prix, idem.	Première qualité, fine, marbrée.	Première qualité, jaune-beurre.	»
Id.	Davesnes	Id.	»	Choletaise.	7 ans.	820	63,536	9,024	6,136	21,282	Premier prix, idem.	Première qualité, sans finesse.	Deuxième qualité, jaune-beurre.	»
Id.	Davesnes	Id.	»	Choletaise.	7 ans.	867	63,747	9,280	6,033	20,941	Deuxième prix, idem.	Première qualité, moyenne.	Première qualité, sans finesse, jaune.	»
Id.	Pierrey-[illegible]	Id.	»	Choletaise.	5 ans 10 mois.	800	63,777	8,127	6,277	21,824	Troisième prix, idem.			»
Id.	Salvat	Id.	»	Durham-bretonne.	4 ans.	474	60,975	5,932	6,820	26,483	Quatrième prix, idem.	Première qualité.	Très-saine, d'un beau jaune.	6 jours.
Id.	Tachard	Id.	»	Durham.	5 ans 7 mois.	880	63,620	8,465	4,772	23,122	Deuxième prix, idem.	Première qualité.	Première qualité, un peu jaune.	5 jours.
Id.	de Torcy	Id.	»	Durham-suisse.	3 ans 2 mois.	655	63,511	10,916	6,041	19,333	Troisième prix, idem.			»
LYON.	Labeat	Id.	»	Charolaise.	5 ans 3 mois.	978	63,293	7,473	6,640	21,608	Premier prix, idem.			»
Id.	de Rochefort	Id.	»	Charolaise.	6 ans 2 mois.	1,009	64,018	7,461	5,464	23,057	Deuxième prix, idem.	Première qualité, très-marbrée.	Jaune tendre, parfaitement mûre.	4 jours.
Id.	Tardy	Id.	»	Salers.	6 ans 2 mois.	1,003	65,119	10,259	3,968	19,014	Premier prix, idem.	Première qualité.	Première qualité, blanche.	»
Id.	Tardy	Id.	»	Bourbonnaise.	7 ans 2 mois.	924	64,001	8,733	5,934	22,332	Deuxième prix, idem.			4 jours.
Id.	Robet	Id.	»	Suisse de Fribourg.	7 ans.	1,041	64,185	8,024	7,133	21,500	Prix unique.			
EXPOSITION du marché de Sceaux.	de Behague	Id.	»	Durham-charolaise.	4 ans.	640	65,436	10,006	5,713	18,806		Très-belle, grain un peu gros.		»
Id.	de Behague	Id.	»	Durham-charolaise.	4 ans.	1,060	67,426	»	»	»			Graisse magnifique.	4 jours.
POISSY.	de Torcy	Id.	»	Durham-schwitz.	3 ans 8 mois.	956	67,858	7,559	6,293	18,720	Premier prix de jeunes bœufs.	Délicate, fine, parfaite.		»
Id.	de Behague	Id.	»	Durham-charolaise.	2 ans 9 mois.	720	68,056	7,046	5,683	18,115	Deuxième prix, idem.	Excellente.	Très-belle, ne laissant rien à désirer.	4 jours.
Id.	de Torcy	Id.	»	Durham-cotentine.	3 ans 5 mois.	779	65,088	9,242	5,221	19,454	Troisième prix, idem.	Très-belle couleur, ne laissant rien à désirer.	»	2 jours.
Id.	de Foullenay	Id.	»	Durham-cotentine.	3 ans 9 mois.	815	65,356	9,946	5,102	18,598	Quatrième prix, idem.		»	4 jours.
Id.	de Foullenay	Id.	»	Durham-cotentine.	2 ans 5 mois.	745	64,161	8,553	7,106	21,616	Cinquième prix, idem.	La qualité n'est pas ce que l'on devait espérer.	»	7 jours.
Id.	de Torcy	Id.	»	Durham-cotentine.	3 ans 6 mois.	809	66,350	9,187	6,009	18,563	Sixième prix, idem.		»	4 jours.
Id.	de Behague	Id.	»	Durham-cotentine.	3 ans.	728	68,818	9,752	5,219	16,211	Cinquième prix de races.		»	3 jours.
Id.	Thas	Id.	»	Normande.	5 ans.	1,182	62,684	9,036	6,066	22,294	Sixième prix, idem.	D'excellente qualité.	»	4 jours.
Id.	Tachard	Id.	»	Durham-charolaise.	4 ans.	774	65,904	7,409	6,734	19,952	Deuxième prix, idem.	Bonne qualité.	»	4 jours.
Id.	Thomas	Id.	»	Comtoise.	4 ans 4 mois.	787	61,753	7,622	7,350	23,274	Troisième prix, idem.	Délicate, pas encore assez faite.	»	6 jours.
Id.	Pasquier	Id.	»	Salers.	7 ans.	960	65,052	8,864	6,666	19,491	Premier prix, idem.		»	4 jours.
Id.	Cessons-Lavau	Id.	»	Salers.	6 ans.	906	65,500	7,606	6,455	19,719	Deuxième prix, idem.	Bonne qualité.	»	7 jours.
Id.	Cessons-Lavau	Id.	»	Salers.	5 ans 4 mois.	939	65,827	9,081	7,648	17,434	Troisième prix, idem.	Bonne qualité.	»	4 jours.
Id.	Tachard	Id.	»	Durham-bretonne.	5 ans.	894	66,442	6,645	5,592	19,015	Premier prix, idem.		»	4 jours.
Id.	de Foullenay	Id.	»	Durham-mancelle.	3 ans 3 mois.	734	64,986	7,426	6,411	21,118	Troisième prix, idem.		Mûre.	4 jours.
Id.	de Torcy	Id.	»	Durham pur.	3 ans 10 mois.	857	66,344	6,651	7,934	18,671	Deuxième prix, idem.	Sans finesse, mais tendre.	»	»
LYON.	de Rochefort	Id.	»	Charolaise.	3 ans 11 mois.	690	61,311	6,836	6,544	26,201	Premier prix de jeunes bœufs.	Bonne, un peu verte.	»	»
Id.	Magnien	Id.	»	Charolaise.	3 ans 11 mois.	845	62,392	8,558	5,642	23,317	Deuxième prix, idem.	Bonne, marbrée.	»	»
Id.	de Finance	Id.	»	Charolaise.	7 ans.	1,063	61,564	7,470	5,410	23,171	Premier prix de races.	Bonne, ordinaire.	»	»
Id.	de Finance	Id.	»	Charolaise.	7 ans.	1,095	[illegible]	7,162	6,027	26,979	Deuxième prix, idem.	Bonne.	»	»
Id.	Labeat	Id.	»	Charolaise.	7 ans.	1,005	60,981	5,446	4,621	28,640	Troisième prix, idem.	Ordinaire.	»	»
Id.	Curtis	Id.	»	Bourbonnaise.	6 ans.	950	58,202	7,063	6,157	27,528	Prix unique.	Bonne.	»	»
Id.	Curtis	Id.	»	Charolaise.	6 ans.	910	61,538	6,594	6,051	25,844	Premier prix, race française et étrangère.	Bonne.	»	»
Id.	Gaddon	Id.	»	Bressanne.	6 ans.	1,155	67,062	6,212	7,186	25,010	Deuxième prix, race idem.		Suif vert.	3 jours.
BORDEAUX.	Fonfrède	Id.	»	Durham.	3 ans 5 mois.	1,084	63,107	7,110	4,666	24,617	Premier prix, jeunes bœufs.	Médiocrement marbrée.		10 jours.
Id.	Nogues	Id.	»	Durham-normande.	4 ans.	1,092	65,151	5,036	5,176	26,646	Deuxième prix, idem.	Peu fine, médiocrement marbrée.	Suif vert.	3 jours.
Id.	Chambaudet	Id.	»	Agenaise.	4 ans 5 mois.	964	64,070	8,131	5,363	21,626	Premier prix de races.	Très-fine de grain, parfaitement marbrée.	Suif doré.	2 jours.
Id.	Montant	Id.	»	Agenaise.	8 ans.	1,160	64,027	8,706	4,855	24,912	Deuxième prix, idem.	Très-belle, fine, très-persillée.	Parfaite.	2 jours.
Id.	Soubiet	Id.	»	Agenaise.	6 ans.	966	63,021	10,314	5,261	21,494	Troisième prix, idem.	Qualité supérieure, parfaitement marbrée.	Magnifique, aussi fine et aussi belle que celle d'un bœuf de 4 à 5 ans.	»
EXPOSITION nationale.	de Behague	Id.	»	Durham-charolaise.	3 ans 3 mois.	875	64,615	13,515	5,095	17,592	»			4 jours.
POISSY.	de Torcy	Id.	»	Durham-schwitz.	3 ans 9 mois.	865	67,103	9,016	5,540	18,308	Premier prix de jeunes bœufs.	»	»	4 jours.
Id.	de Behague	Id.	»	Durham-charolaise.	2 ans 9 mois.	976	68,069	10,376	5,610	14,846	Deuxième prix, idem.	»	»	4 jours.
Id.	de Torcy	Id.	»	Durham-cotentine.	3 ans 11 mois.	961	66,351	9,289	5,303	17,067	Troisième prix, idem.	»	»	9 jours.
Id.	Boscher	Id.	»	Durham-cotentine.	4 ans.	990	62,626	8,299	6,814	22,122	Quatrième prix, idem.	»	»	6 jours.
Id.	de Behague	Id.	»	Durham-charolaise.	3 ans 6 mois.	979	64,945	14,482	5,515	15,105	Cinquième prix, idem.	»	»	4 jours.
Id.	Goupil	Id.	»	Durham-cotentine.	4 ans.	685	64,599	7,801	6,258	21,273	Troisième prix de races.	»	»	8 jours.
Id.	Boscher	Id.	»	Durham-cotentine.	2 ans 11 mois.	996	64,321	13,061	5,517	17,741	Quatrième prix, idem.	»	»	4 jours.
Id.	Goupil	Id.	»	Durham-cotentine.	3 ans.	780	66,019	8,987	6,916	18,823	Cinquième prix, idem.	»	»	5 jours.
Id.	Masse	Id.	»	Charolaise.	7 ans.	1,030	64,767	10,291	5,436	19,516	Deuxième prix, idem.	»	»	11 jours.
Id.	Rousselot	Id.	»	Salers.	6 ans.	915	63,724	6,678	6,560	15,338	Premier prix, idem.	»	»	3 jours.
Id.	Pasquier	Id.	»	Salers.	5 ans.	915	64,863	10,601	6,666	18,880	Deuxième prix, idem.	»	»	21 jours.
Id.	Cessons-Lavau	Id.	»	Salers.	5 ans.	990	70,202	7,575	6,818	15,405	Troisième prix, idem.	»	»	4 jours.
Id.	Goupil	Id.	»	Durham-mancelle.	5 ans 6 mois.	832	65,805	7,811	6,550	19,775	Deuxième prix, idem.	»	»	»
Id.	de Behague	Id.	»	Durham-mancelle.	5 ans 4 mois.	776	65,510	3,441	5,064	10,895	Troisième prix, idem.	»	»	3 jours.
Id.	Rivet	Id.	»	Choletaise.	6 ans.	850	65,444	9,411	6,164	18,414	Quatrième prix, idem.	»	»	3 jours.
Id.	de Torcy	Id.	»	Durham-schwitz.	4 ans.	827	64,578	7,467	6,693	17,862	Deuxième prix, idem.	»	»	»
BOEUFS non primés.	de Behague	Id.	»	Durham-normande.	3 ans 3 mois.	840	69,523	8,214	6,911	16,352	»	»	»	»
Id.	de Foullenay	Id.	»	Durham-mancelle.	3 ans 7 mois.	774	63,023	10,206	5,745	21,019	»	»	»	»
Id.	de Foullenay	Id.	»	Durham-normande.	3 ans 8 mois.	740	64,187	12,049	6,150	16,412	»	»	»	»
Id.	de Torcy	Id.	»	Durham-[illegible].	5 ans.	935	65,161	12,202	5,885	17,154			Un peu verte.	»
LYON.	Magnien	Id.	»	Charolaise.	2 ans 4 mois.	710	60,281	4,979	5,154	29,686	Premier prix, jeunes bœufs.	Bonne.	Jaune.	»
Id.	Anglès	Id.	»	Durham-charolaise.	3 ans 9 mois.	775	60,802	5,468	6,727	26,003	Deuxième prix, idem.	Excellente.	Jaune.	»
Id.	de Rochefort	Id.	»	Charolaise.	3 ans 11 mois.	714	60,524	5,012	7,092	26,052	Troisième prix, idem.	Bonne.		»
Id.	Thevenon	Id.	»	Charolaise.	7 ans.	1,066	62,866	10,500	5,680	20,400	Deuxième prix de races.		Dorée.	»
Id.	de Finance	Id.	»	Charolaise.	7 ans.	960	63,477	7,946	5,035	22,502	Deuxième second prix de races.	Bonne.	Bonne.	»
Id.	de Finance	Id.	»	Charolaise.	8 ans.	536	66,700	10,967	5,696	21,101	Troisième prix de races.	Bonne.	Bonne.	»
Id.	Vallonge	Id.	»	Bourbonnaise.	6 ans.	1,013	54,885	5,923	5,850	33,762	Premier prix, idem.	Très-bonne.	Bonne.	»
Id.	Curtis	Id.	»	Auvergnate.	6 ans.	975	62,864	7,027	5,710	24,830	Deuxième prix, idem.	Bonne.	Bonne.	»
Id.	Curtis	Id.	»	Durham-suisse.	7 ans.	615	60,000	6,804	6,538	26,658	Prix unique.	Bonne.	Belle couleur.	»
BORDEAUX.	Chambaudet	Id.	»	Agenaise.	3 ans 10 mois.	674	63,208	5,100	7,937	20,095	Premier prix, jeunes bœufs.	Belle, entrelardée.	Colorée.	»
Id.	Dubroca	Id.	»	Agenaise.	3 ans 11 mois.	1,068	63,734	7,443	5,250	23,523	Deuxième prix, idem.	Belle.	Colorée.	»
Id.	Perpezat	Id.	»	Agenaise.	6 ans.	1,363	67,012	6,141	6,001	22,500	Premier prix de races.	Belle couleur foncée.		»
Id.	Champaubert	Id.	»	Agenaise.	10 ans.	1,082	63,863	7,489	5,200	22,207	Deuxième prix, idem.	Belle.	Première qualité.	»
Id.	Lafosse	Id.	»	Agenaise.	8 ans.	1,070	58,217	7,850	5,887	27,046	Troisième prix, idem.	Très-belle.		»
Id.	Fratant	Id.	»	Saintongeoise.	8 ans.	999	62,502	7,750	6,115	23,597	Premier prix, idem.			»
Id.	Dubas-Rival	Id.	»	Limousine.	7 ans.	865	62,899	6,530	6,459	23,555	Deuxième prix, idem.		Peu colorée.	»
Id.	Montant	Id.	»	Durham.	3 ans 6 mois.	875	58,816	8,191	»	»	Prix unique.	Rosée, très-succulente.	Très-belle.	»
BOUVERIES nationales.	Le Haras du Pin	Id.	»	Durham.	6 ans.	1,157	65,341	8,487	6,654	19,482	»	Très-bonne.	Bonne couleur convenable.	»
Id.	Id.	Id.	»	Durham.	2 ans 10 mois.	718	63,335	6,280	6,478	22,904	»	Belle qualité.	Bonne qualité, jaune clair.	»
Id.	Id.	Id.	»	Durham.	3 ans.	700	61,118	5,855	6,710	26,317	»	Bonne, déjà marbrée.	D'un blanc un peu jaune.	»
Id.	Id.	Id.	»	Durham.	3 ans 7 mois.	665	59,366	6,615	6,108	27,911	»	Belle et bonne.	Parfaite qualité.	»
Id.	Id.	Id.	»	Durham.	3 ans 7 mois.	755	58,514	5,298	6,119	30,069	»	Très-belle qualité.	Excellente qualité.	»
Id.	Id.	Id.	»	Devon.	4 ans.	620	59,516	5,806	6,435	28,243	»	Très-belle qualité.	Belle qualité, bien mûre.	»
Id.	Id.	Id.	»	Durham.	6 ans 1 mois.	1,075	65,033	4,027	6,040	24,284	»	De bonne qualité, malgré la castration tardive.	Bien mûre.	»
Id.	Id.	Id.	»	Devon.	3 ans 4 mois.	585	64,899	9,351	6,851	16,001	»	De première qualité, parfaitement marbrée.	Bien mûre.	»
Id.	Id.	Id.	»	Devon.	3 ans 4 mois.	611	64,653	9,093	6,538	17,636	»	Première qualité, supérieure.	Belle.	»
Id.	Id.	»	Vache.	Durham.	8 ans.	950	60,219	9,165	4,791	25,804	»	Toute première qualité.	Belle.	»
Id.	Id.	»	Id.	Durham.	11 ans.	848	63,905	10,600	5,443	20,052	»	Très-bonne.	Belle.	»
Id.	Id.	»	Id.	Durham.	17 ans.	600	61,125	9,690	5,185	24,090	»	Très-bonne, un peu verte.	Qualité supérieure.	»
Id.	Id.	»	Id.	Durham.	9 ans.	193	67,619	6,431	4,419	21,537	»	Première qualité.	Première qualité.	»
Id.	Id.	»	Id.	Durham.	11 ans.	745	63,650	9,320	5,300	21,740	»	Première qualité.	Première qualité.	»
Id.	Id.	»	Id.	Durham.	11 ans.	742	59,325	11,717	4,083	24,874	»	Première qualité.	Belle qualité.	»
Id.	Id.	»	Id.	Durham.	11 ans.	775	63,900	4,709	5,033	12,063	»	Belle qualité.	Première qualité, mûre.	»
Id.	Id.	»	Id.	Durham.	17 ans.	740	59,459	11,089	6,351	22,501	»	Première qualité, marbrée.	Première qualité, bien mûre, couleur beurre frais.	10 jours.
Id.	Pin le Poussinet	»	Id.	Durham.	7 ans 6 mois.	920	65,168	7,005	8,654	19,180	»	Première qualité, pas assez marbrée.	Belle et très-bonne.	»
Id.	Id.	»	Id.	Durham.	9 ans.	735	64,720	8,110	5,661	21,505	»	Belle qualité.	Graisse fine, belle couleur.	»
Id.	Id.	»	Id.	Durham.	7 ans 3 mois.	819	64,047	8,185	4,761	21,407	»	Viande superbe, marbrée.	Très-belle qualité.	»
Id.	Id.	»	Id.	Durham.	11 ans.	665	62,363	8,315	5,543	23,779	»	Très-belle qualité.	Très-bonne.	»
Id.	Id.	»	Id.	Durham.	11 ans.	605	60,827	10,875	5,563	22,735	»	Très-belle, marbrée.	Première qualité.	»
Id.	Id.	»	Id.	Durham.	6 ans.	690	59,338	10,595	5,141	24,033	»	Première qualité.	Parfaite qualité.	»
Id.	Id.	»	Id.	Durham.	5 ans 8 mois.	696	61,954	5,434	5,072	27,540	»	Parfaite qualité, marbrée.	Parfaite.	»
Id.	Id.	»	Id.	Durham.	5 ans.	745	61,765	7,346	4,956	22,084	»	Parfaite, bien marbrée.	Première qualité, excellente couleur.	»
Id.	Pin	»	Id.	Durham-cotentine.	3 ans 5 mois.	615	62,765	10,619	5,562	20,912	»	Très-belle, fine, marbrée.	De première qualité.	»
Id.	Id.	»	Id.	Durham.	5 ans 10 mois.	695	65,570	9,610	4,160	20,836	»	Viande première qualité, parfaitement marbrée.	Belle.	»
Id.	Id.	»	Id.	Hereford.	7 ans 3 mois.	667	65,761	7,442	5,271	21,526	»	Belle couleur, parfaite.	D'une beauté supérieure.	»
Id.	Id.	»	Id.	Devon.	7 ans 3 mois.	681	59,002	10,357	4,443	10,625	»	Première qualité, marbrée.	Première qualité.	»
Id.	Id.	»	Id.	Devon.	5 ans 8 mois.	540	63,886	10,264	5,508	20,340	»	Très-belle.	Première qualité, d'un beau jaune.	»
Id.	Id.	»	Id.	Devon.	5 ans 4 mois.	559	68,416	11,851	4,363	15,331	»	Première qualité, supérieure.	Bonne qualité.	»
Id.	Id.	»	Id.	Cotentine.	6 ans 3 mois.	652	51,849	8,742	5,855	33,593	»	Viande assez belle.	Suif bon, couleur claire.	»
Id.	Id.	»	Id.	Cotentine.	6 ans 11 mois.	740	53,743	11,051	5,361	29,330	»	Belle et bonne.		»
Id.	Id.	»	Id.	Hereford.	5 ans 11 mois.	728	54,594	9,333	4,506	31,008	»			»
Id.	Id.	»	Id.	Devon.	7 ans.	540	63,600	6,984	5,650	24,150	»	Belle et bonne.	Belle.	»
Id.	Id.	»	Id.	Devon.	7 ans.	667	65,574	12,061	5,467	19,218	»	Très-bonne qualité.	Belle.	»
Id.	Id.	»	Id.	Devon.	6 ans.	610	69,161	6,106	4,922	19,811	»	D'une qualité extraordinaire.	Graisse et suif magnifiques.	»
Id.	Id.	»	Id.	Durham.	17 ans.	746	65,358	8,630	5,816	21,196	»	Bien grasse, un peu verte.	De bonne qualité.	»

Études sur le rendement des gros animaux de boucherie, page 5.

Après beaucoup de réflexions, nous avons dû, tant pour conserver l'unité de nos calculs que pour nous rattacher aux opérations auxquelles on se livre habituellement dans la pratique de l'estimation des animaux vivants, établir la proportion du poids du suif au poids vif.

Nous nous sommes servi des mêmes bases pour trouver la proportion du poids du cuir. Enfin la proportion des abats a été calculée par différence. Ce seul travail, qui a nécessité l'exécution de plus de huit cents calculs proportionnels, étant achevé, nous avons dû inscrire, dans un *memorandum* général, l'année et le lieu du concours, le nom des propriétaires des bêtes bovines, le sexe, la race, l'âge de chacune d'elles, leur poids vif, leur rendement proportionnel pour 100 kilog. de poids vivant en chair des quatre quartiers et en suif, comme aussi le poids proportionnel du cuir et des abats. Nous avons noté enfin la prime obtenue, la qualité de la chair, de la graisse, et le temps qui s'est écoulé entre l'époque du concours et le jour de l'abatage de l'animal.

Mais, avant de donner connaissance de ce mémorandum, qu'il nous soit permis de faire observer que nous ne sommes que l'*interprète des documents livrés à la publicité* par l'administration supérieure de l'agriculture, documents que nous nous sommes efforcé de grouper, afin de chercher à élucider plusieurs questions importantes se rattachant à l'étude économique des grands animaux de boucherie. Notre travail, nous le pensons bien, sera le sujet de différents commentaires : ses bases, sa valeur, son opportunité seront contestées peut-être ; mais nous déclarons que nous ne l'avons entrepris que dans le seul but d'être de quelque utilité à la science et à la pratique de la zootechnie. Si, malgré tout le soin que nous avons apporté dans l'exécution de nos tableaux, nous avons commis quelques inexactitudes de chiffres, nous serons très-reconnaissant que l'on veuille bien nous signaler nos erreurs, afin que nous puissions les réparer.

Voici ce tableau (n° 1) :

Les *renseignements* contenus dans ce mémorandum général pourront être consultés avec fruit, nous le pensons du moins, par les agriculteurs.

Occupons-nous maintenant des renseignements contenus dans les comptes rendus des concours, afin de chercher à élucider plusieurs questions importantes se rattachant à l'économie du gros bétail de boucherie.

§ 1er.

Poids des bœufs de boucherie de l'âge de 2 à 4 ans comparé à celui des bœufs de 4 à 10 ans.

On ne peut nier, messieurs, que la France n'ait un grand et pressant besoin de subsistances animales. Dès lors, n'est-il pas d'un haut intérêt, pour l'alimentation des populations laborieuses, de chercher à propager les races arrivant promptement à un degré convenable d'engraissement qui donne la possibilité de réaliser la valeur de la viande en peu d'années?

Ces races, en effet, pour me servir d'une expression aussi heureuse que juste de M. Yvart, fournissant deux récoltes en viande au lieu d'une, permettent, par conséquent, de livrer à la boucherie des produits abondants et à bas prix.

Beaucoup d'engraisseurs des bons pays de culture s'attachent encore à l'âge mûr, au volume et à la taille des animaux, espérant ainsi obtenir plus de poids, plus de produits en chair, en suif, et en définitive réaliser de plus grands bénéfices. C'est une de ces vieilles erreurs qui circulent encore, mais qui, comme les anciennes monnaies sans empreinte, ne doivent plus avoir cours. Le rendement en produits, il faut bien le savoir, n'est point la conséquence nécessaire du volume et de la haute stature des animaux, mais bien le résultat d'une grande et pesante charpente osseuse et de l'existence d'un vaste abdomen contenant de gros viscères creux remplis d'une masse considérable de matières alimentaires et excrémentitielles. Or ces animaux, grands mangeurs et mauvais utilisateurs, fournissent toujours, à poids vif égal, un rendement moins considérable en viande, et surtout en chair de choix, que les animaux trapus, aux membres courts et grêles, aux côtes arquées et fines, au corps rond, plein, compacte, qui consomment moins de nourriture, profitent mieux, dont le poids est plus élevé et le rendement plus considérable relativement à leur volume apparent.

Les concours nationaux des grands animaux de boucherie ont-ils démontré que les jeunes animaux bien faits et précoces, âgés de 2 à 4 ans, acquerraient un poids comparativement plus élevé que les animaux plus âgés? c'est ce qu'il nous importe beaucoup de constater. Pour atteindre ce résultat, nous avons dressé le tableau du poids vif des jeunes bœufs de l'âge de 2 à 4 ans, et des bœufs âgés de 4 à 10 ans, inscrits dans les comptes rendus officiels, et nous avons placé en regard le chiffre du poids des uns et des autres. Voici ce tableau :

N° 2. — TABLEAU *comparatif du poids vif des jeunes bœufs et des bœufs adultes et vieux.*

ANIMAUX.	NOMBRE.	AGE.	POIDS VIF.		
			Extrêmes.		Moyennes.
				kil.	
BŒUFS.	64	de 2 à 4 ans.	Maxima,	1,092	830 kil.
			Minima,	525	
BŒUFS.	64	de 4 à 10 ans.	Maxima,	1,340	986
			Minima,	744	

Ce tableau démontre bien clairement que l'élève et l'engraissement des jeunes bœufs précoces donnent presque *une double récolte en animaux aux cultivateurs, et par con-*

séquent aussi une presque double récolte en argent; enfin, chose capitale, si on l'envisage au point de vue des subsistances animales, une presque double récolte en chair pour la consommation. Cet immense résultat aurait, certes, paru fabuleux en France, si les concours de boucherie n'étaient pas venus le démontrer d'une manière incontestable.

Cette question élucidée, une autre non moins importante, si on l'envisage au point de vue économique de l'élevage des animaux, s'est présentée; c'est celle de savoir si les bœufs âgés de 2 à 4 ans donnent autant de produits pour la boucherie que les animaux au-dessus de cet âge.

§ 2.

Rendement en chair des jeunes bœufs de 2 à 4 ans, comparé à celui des animaux âgés, en moyenne, de 4 à 10 ans.

Avant Backwell, les grands marchés d'approvisionnements des villes de la Grande-Bretagne, et notamment celui de Londres, n'étaient point pourvus de jeunes bœufs et de jeunes moutons; mais, après la grande, pacifique et fructueuse révolution opérée dans l'art de l'élevage des jeunes animaux par ce célèbre agriculteur, ces marchés en furent successivement de plus en plus garnis. Les progrès de la culture faits dans le nord de la France ont déjà permis depuis longtemps d'atteindre ce résultat par l'engraissement de jeunes vaches. Cette réforme heureuse s'opère dans les départements du centre et de l'ouest, et depuis une vingtaine d'années les deux marchés de Sceaux et de Poissy reçoivent un assez grand nombre de jeunes bœufs de 4 à 6 ans. Ce progrès réel ne s'opère qu'avec la plus grande lenteur dans les départements du midi, où, généralement, le bétail est utilisé aux travaux agricoles jusqu'à ce qu'il ait atteint un âge assez avancé. Mais les jeunes bœufs précoces donnent-ils, après l'abatage, autant de viande de première et de seconde qualités que les bœufs âgés de 5,

6 et 7 ans? Cette chair est-elle belle, bonne et succulente lorsqu'elle est bouillie ou rôtie? La graisse extérieure et intérieure possède-t-elle cette belle couleur jaune beurre frais qui caractérise sa maturité? Son rendement est-il aussi considérable que celui fourni par les bœufs d'un âge mûr? La solution de ces questions intéressant tout à la fois l'étude zootechnique, la production des substances animales à bon marché, et le commerce important auxquel elles donnent lieu, nous allons chercher à les élucider en compulsant les comptes rendus officiels des concours.

Mais, avant de faire connaître les résultats de nos recherches, on nous permettra de faire remarquer qu'en ce qui touche l'élevage du bétail précoce l'intérêt du boucher n'est en harmonie avec celui de l'éleveur que jusqu'à un certain point. Le choix des animaux que fait le boucher porte principalement sur ceux qui, d'après ses connaissances pratiques, donneront le rendement le plus considérable en chair et en suif; et, à ce point de vue, le boucher préfère généralement un bœuf d'un âge mûr ou de 5 à 6 ans à un bœuf de 3 à 4 ans. C'est qu'en effet, dans les animaux un peu âgés, la chair et surtout le suif sont parvenus au chiffre qu'ils peuvent atteindre pour donner le rendement le plus élevé, tandis que, dans les jeunes animaux perfectionnés, le tissu graisseux se répandant plus généralement sur les muscles extérieurs, et la graisse ayant moins de tendance à s'accumuler autour des rognons et des organes intérieurs, le poids du suif est, en somme, moins fort. Aussi le maniement de ces jeunes animaux précoces trompe-t-il parfois l'appréciation des bouchers. Qu'il nous soit permis, à cette occasion, de faire observer que les bouchers, en tant que corporation, n'ont été que rarement les avocats plaidant en faveur du bétail perfectionné et précoce. En effet, le boucher ne s'occupe que des animaux qui lui donnent les plus gros bénéfices; il ne s'inquiète nullement de la quantité de nourriture consommée par les animaux, ni du temps nécessaire pour les amener à maturité, ni d'aucun autre de ces détails économiques d'où résultent les profits de l'éleveur. Bien heureux souvent si certains bouchers ne dénigrent pas les races précieuses, qu'ils estiment néanmoins, afin de chercher à exploiter la crédulité des éleveurs et de leurs confrères à leur profit. C'est surtout dans les lieux éloignés des grands centres de population, et où les débouchés sont difficiles, que cette influence mercantile exerce une pression considérable sur les agriculteurs qui essayent de se livrer à l'élevage de nouvelles races précoces.

Il importe donc beaucoup aux éleveurs et aux engraisseurs de lutter contre ces obstacles; or c'est afin d'atteindre ce but important que nous désirons faire connaître les résultats fournis par les concours des animaux de boucherie.

Dans l'intention de rendre évident le rendement en chair des quatre quartiers, nous avons dressé un tableau comparatif du rendement des bœufs précoces âgés de 2 à 4 ans, des bœufs âgés de 4 à 10 ans, et des vaches élevées et engraissées dans les établissements nationaux et exhibées à Poissy ou ailleurs. Voici ces trois tableaux :

N° 3.

BOEUFS AGÉS DE 2 A 4 ANS.

Classification du rendement proportionnel des quatre quartiers pour 100 de poids vif. — Qualité de la chair.

RACES.	NOMBRE de bœufs.	AGE. Extrêmes.	AGE. Moyennes.	POIDS VIF. Extrêmes.	POIDS VIF. Moyennes.	RENDEMENT proportionnel des quatre quartiers. Extrêmes.	RENDEMENT proportionnel des quatre quartiers. Moyennes.	QUALITÉ DE LA CHAIR.
Durham-Schwitz....	5	Maxima, 4 ans. Minima, 3 ans 2 mois.	3 ans 8 mois.	Maxima, kil. 955 Minima, 655	kil. 845	Maxima, kil. 68,578 Minima, 63,511	kil. 66,251	Première qualité, excellente.
Durham-Mancelle...	4	Max. 3 ans 7 mois. Min. 3 ans 3 mois.	3 ans 5 mois.	Max. 832 Min. 734	777	Max. 69,610 Min. 63,032	65,873	»
Durham-Charolaise..	11	Max. 4 ans. Min. 2 ans 9 mois.	3 ans 7 mois.	Max. 1,050 Min. 720	860	Max. 68,608 Min. 60,802	65,505	Première qualité, parfaite.
Durham-Cotentine..	19	Max. 4 ans. Min. 3 ans.	3 ans 7 mois.	Max. 1,092 Min. 685	867	Max. 69,523 Min. 59,479	64,472	Première qualité, marbrée.
Cotentine.........	4	Max. 4 ans. Min. 2 ans 6 mois.	3 ans 4 mois.	Max. 1,005 Min. 778	905	Max. 64,974 Min. 60,250	63,136	Première qualité.
Agenaise...........	2	Max. 3 ans 11 mois. Min. 3 ans 10 mois.	3 a. 10 m. 1/2	Max. 1,088 Min. 674	881	Max. 62,908 Min. 62,775	62,841	Première qualité, marbrée.
Charolaise.........	8	Max. 3 ans 11 mois. Min. 3 ans 3 mois.	3 ans 8 m. 1/2	Max. 868 Min. 680	763,750	Max. 69,239 Min. 60,281	62,635	Belle et bonne qualité, parfois pas assez marbrée.
Devon............	3	Max. 4 ans. Min. 3 ans 4 mois.	4 ans 6 mois.	Max. 950 Min. 525	698	Max. 66,809 Min. 59,516	62,178	Première qualité, marbrée.
Durham...........	7	Max. 3 ans 7 mois. Min. 2 ans 10 mois.	3 ans 3 mois.	Max. 1,084 Min. 665	8,11	Max. 64,000 Min. 58,543	61,388	Première qualité, marbrée.
Durham-Bretonne...	1	» 4 ans.	»	» 574	»	» 60,975	»	»
	64							

N° 4.

BOEUFS AGÉS DE 4 A 10 ANS.

Classification du rendement proportionnel des quatre quartiers pour 100 de poids vif. — Qualité de la chair.

RACES.	NOMBRE de bœufs.	AGE. Extrêmes.	AGE. Moyennes.	POIDS VIF. Extrêmes.	POIDS VIF. Moyennes.	RENDEMENT proportionnel des quatre quartiers. Extrêmes.	RENDEMENT proportionnel des quatre quartiers. Moyennes.	QUALITÉ DE LA CHAIR.
				kil.	kil.	kil.	kil.	
Limousine	3	Maxima, 7 ans.	7 ans.	Maxima, 950	911	Maxima, 69,263	66,677	Première qualité, bien marbrée.
		Minima, 7 ans.		Minima, 865		Minima, 62,890		
Durham-bretonne	1	» 6 ans.	»	» 894	»	» 66,442	»	»
Durham	4	Max. 8 ans 10 mois.	6 ans 9 mois.	Max. 1,137	987	Max. 66,744	65,455	Première qualité, superbe.
		Min. 5 ans 7 mois.		Min. 857		Min. 63,636		
Salers	14	Max. 7 ans.	5 ans 8 mois.	Max. 1,065	955,8	Max. 70,202	65,044	Première qualité, marbrée.
		Min. 5 ans.		Min. 900		Min. 52,864		
Suisse de Fribourg	1	» 7 ans.	»	» 1,047	»	» 64,183	»	»
Choletaise	5	Max. 7 ans.	6 ans 7 mois.	Max. 900	844	Max. 65,411	63,648	Première qualité.
		Min. 5 ans 10 mois.		Min. 820		Min. 61,772		
Durham-charolaise	4	Max. 6 ans 9 mois.	5 ans 7m. 1/2	Max. 1,157	973	Max. 66,400	62,905	Première qualité.
		Min. 4 ans 10 mois.		Min. 744		Min. 59,543		
Agenaise	6	Max. 10 ans.	7 ans 1 mois.	Max. 1,160	1,056	Max. 64,670	62,743	Première qualité, fine de grain, marbrée.
		Min. 4 ans 5 mois.		Min. 955		Min. 58,317		
Durham-cotentine	2	Max. 5 ans.	4 ans 7m. 1/2	Max. 935	925	Max. 63,101	62,588	Belle qualité.
		Min. 4 ans 3 mois.		Min. 915		Min. 62,076		
Charolaise	12	Max. 8 ans.	6 ans 8 m. 1/2	Max. 1,160	1,023	Max. 64,870	62,489	Bonne qualité.
		Min. 5 ans.		Min. 910		Min. 58,709		
Comtoise	1	» 4 ans 4 mois.	»	» 787	»	» 61,753	»	Délicate, pas encore assez faite.
Durham-suisse	1	» 7 ans.	»	» 915	»	» 60,000	»	Bonne.
Bourbonnaise	3	Max. 7 ans 2 mois.	6 ans 5 mois.	Max. 1,013	979	Max. 61,991	58,746	Bonne.
		Min. 6 ans.		Min. 950		Min. 54,985		
Cotentine	5	Max. 8 ans.	7 ans.	Max. 1,340	1,176	Max. 62,564	58,701	Première qualité.
		Min. 6 ans.		Min. 1,025		Min. 51,538		
Bressanne	1	» 6 ans.	»	» 1,155	»	» 52,662	»	»
Saintongeoise	1	» 8 ans.	»	» 899	»	» 52,502	»	»
	64							

N° 5.

VACHES AGÉES DE 4 A 17 ANS.

Classification du rendement proportionnel des quatre quartiers pour 100 de poids vif. — Qualité de la chair.

RACES.	NOMBRE de vaches.	AGE. Extrêmes.	AGE. Moyennes.	POIDS VIF. Extrêmes.	POIDS VIF. Moy.	RENDEMENT PROPORTIONNEL DES QUATRE QUARTIERS. Extrêmes.	RENDEMENT PROPORTIONNEL DES QUATRE QUARTIERS. Moy.	QUALITÉ DE LA CHAIR.
				kil.	kil.	kil.	kil.	
Devon	6	Maxima, 8 ans. Minim., 5 ans 3 m.	6 ans 7 mois 1/2.	Max. 640 Min. 530	565	Max. 69,101 Min. 59,062	64,356	Première qualité, marbrée.
Durham	18	Max. 17 ans. Min. 5 ans.	9 ans 7 m. 20 jours.	Max. 950 Min. 665	767	Max. 68,158 Min. 59,326	63,385	Première qualité, très-belle, marb.
Durham-Cotentine.	1	3 ans 8 m.	»	» 618	»	» 62,766	»	Belle et bonne, fine, marbrée.
Herefort	2	Max. 7 ans 3 m. Min. 5 ans 11 m.	6 ans 7 m.	Max. 720 Min. 607	663	Max. 63,261 Min. 55,694	59,477	Première qualité, belle couleur.
Cotentine	2	Max. 6 ans 11 m. Min. 6 ans 3 m.	6 ans 7 m.	Max. 740 Min. 652	696	Max. 53,243 Min. 51,840	52,541	Bonne.
	29							

Il résulte de la comparaison des chiffres des moyennes du rendement en chair des quatre quartiers pour 100 de poids vif inscrits dans ces tableaux que les 64 *jeunes bœufs* ont *donné un rendement en chair plus considérable que les 64 bœufs âgés de 4 à 10 ans, et notamment les vaches de 4 à 17 ans*. La comparaison de la moyenne des *moyennes* donne le tableau suivant, qui rend ce résultat encore plus saillant.

Voici cette comparaison :

N° 6. — TABLEAU *comparatif des* moyennes *du rendement proportionnel des quatre quartiers des bœufs âgés de 2 à 4 ans, et des bœufs et vaches âgés de 4 à 17 ans pour* 100 *de poids vif.*

ANIMAUX.	NOMBRE.	AGE.	NOMBRE des moyennes.	RENDEMENT PROPORTIONNEL des quatre quartiers p. 100 de poids vif. Extrêmes.	Moyennes des moyennes.
				kil.	kil.
BŒUFS...	64	2 à 4 ans.	9	Maxima, 66,251 Minima, 61,388	63,808
BŒUFS...	64	4 à 10 ans.	10	Maxima, 67,677 Minima, 58,548	62,899
VACHES...	29	4 à 17 ans.	4	Maxima, 64,356 Minima, 52,541	59,940

Ce tableau comparatif des moyennes démontre donc, d'une manière indéniable, que, parmi les beaux animaux primés dans les concours de boucherie, les jeunes bœufs donnent un rendement en viande des quatre quartiers *de 1 pour* 100 au-dessus de celui des bœufs de 4 à 10 ans, et *de 4 pour* 100 au-dessus de celui des vaches de l'âge de 4 à 17 ans.

Si nous sommes bien informé par plusieurs bons bouchers de Paris, les plus beaux bœufs de 4 à 7 ans, conduits aux marchés de la capitale, donnent, en moyenne, un rendement des quatre quartiers s'élevant *à* 57 *pour* 100. Or les jeunes bœufs d'élite primés dans les concours, et âgés de 2 à 4 ans, auraient donc fourni *un rendement moyen de* 6 *pour* 100 *au-dessus des bœufs les mieux engraissés tués dans les abattoirs de Paris.*

Une autre question non moins importante à résoudre est celle-ci :

Les jeunes bœufs précoces âgés de 2 à 4 ans donnent-ils autant de viande de première qualité que les bœufs âgés de plus de 4 ans?

Cette question est capitale; car plus le rendement en morceaux de choix est élevé, mieux l'animal est conformé, plus il a de prix, plus il donne de bénéfice au boucher, et plus il fournit de bonne chair à la consommation. Malheureusement les renseignements fournis par les comptes rendus officiels des animaux primés ne sont pas assez nombreux pour donner la solution *complète* de cette question, et nous regrettons beaucoup, avec l'habile et judicieux rapporteur des comptes rendus, M. *Lefèbre Sainte-Marie,* que les commissions de rendement des animaux primés à Poissy n'aient pas persisté à continuer les recherches qu'elles avaient si utilement entreprises à cet égard, de 1845 à 1847. Il est vrai que la coupe différente des morceaux de première, deuxième et troisième qualités, dans les grandes villes de Paris, Lyon, Bordeaux et Lille, apporte de notables différences dans ces sortes d'appréciations; il est vrai aussi que l'on ne se procure ces sortes de renseignements chez les bouchers qu'avec quelques difficultés; mais qu'il nous soit permis de désirer vivement que l'administration supérieure fasse tous ses efforts pour chercher à aplanir ces obstacles, et être à même de fournir des documents d'un si puissant intérêt pour l'étude de la production et de l'amélioration des bêtes bovines de boucherie. Quoi qu'il en soit, nous avons cherché à utiliser les renseignements administratifs donnés sur les rendements en chair de première, deuxième et troisième qualités pour 100 de viande débitée et fournie par des bêtes bovines de races différentes, savoir :

23 bœufs âgés de 2 à 4 ans ;
22 bœufs — de 4 à 8 ans ;
13 vaches — de 7 à 12 ans.

Les résultats en sont consignés dans les trois tableaux suivants :

N° 7.

BOEUFS DE L'AGE DE 2 A 4 ANS.

Classification du rendement proportionnel en viande de 1re, 2e et 3e qualités pour 100 de viande débitée.

RACES.	NOMBRE de bœufs.	AGE. Extrêmes.	AGE. Moyennes.	POIDS VIF. Extrêmes.	POIDS VIF. Moyenn.	VIANDE de 1re qualité. Extrêmes.	VIANDE de 1re qualité. Moyenn.	VIANDE de 2e qualité. Extrêmes.	VIANDE de 2e qualité. Moyenn.	VIANDE de 3e qualité. Extrêmes.	VIANDE de 3e qualité. Moyenn.
					k.	k.	k.	k.	k.	k.	k.
Durham	2	Maxima, 3 ans 5 m.	3 ans 3 mois 1/2.	Max. 1,084	954	Max. 36,914	36,285	Max. 18,934	20,599	Max. 45,563	43,191
		Minima, 3 ans 2 m.		Min. 825		Min. 35,503		Min. 21,265		Min. 40,820	
Durham-schwitz	4	Max. 4 ans.	3 ans 8 m.	Max. 915	818	Max. 36,601	34,282	Max. 26,654	25,588	Max. 40,000	37,500
		Min. 3 ans 2 mois.		Min. 655		Min. 32,379		Min. 23,620		Min. 35,957	
Durham-charolaise	2	Max. 3 ans 3 mois.	3 ans 45 j.	Max. 825	814,5	Max. 34,501	33,724	Max. 26,396	26,297	Max. 40,655	39,976
		Min. 2 ans 9 mois.		Min. 804		Min. 32,947		Min. 26,199		Min. 39,298	
Charolaise	4	Max. 3 ans 11 mois.	3 ans 8 m.	Max. 868	797	Max. 36,630	33,290	Max 28,119	25,220	Max. 43,469	40,888
		Min. 3 ans 3 mois.		Min. 680		Min. 31,384		Min. 22,216		Min. 38,753	
Devon	2	Max. 3 ans 4 mois.	3 ans 2 mois 1/2.	Max. 611	568	Max. 34,070	33,200	Max. 26,620	25,460	Max. 41,620	41,330
		Min. 3 ans 1 mois.		Min. 525		Min. 32,330		Min. 24,300		Min. 41,040	
Durham-cotentine	6	Max. 3 ans 11 mois.	3 ans 7 m.	Max. 960	869	Max. 36,415	32,697	Max. 36,121	26,303	Max. 42,105	40,610
		Min. 3 ans 4 mois.		Min. 761		Min. 22,432		Min. 22,264		Min. 39,152	
Cotentine	3	Max. 4 ans.	3 ans 5 m.	Max. 1,005	861	Max. 32,226	31,816	Max. 26,349	24,976	Max. 44,857	43,206
		Min. 2 ans 6 mois.		Min. 620		Min. 31,000		Min. 22,917		Min. 41,428	
	23										

N° 8.

BOEUFS DE L'AGE DE 4 A 8 ANS.

Classification du rendement proportionnel en viande de 1re, 2e et 3e qualités pour 100 de viande débitée.

RACES.	NOMBRE de bœufs.	AGE. Extrêmes.	AGE. Moyennes.	POIDS VIF. Extrêmes.	POIDS VIF. Moyenn.	VIANDE de 1re qualité. Extrêmes.	VIANDE de 1re qualité. Moyenn.	VIANDE de 2e qualité. Extrêmes.	VIANDE de 2e qualité. Moyenn.	VIANDE de 3e qualité. Extrêmes.	VIANDE de 3e qualité. Moyenn.
				k.	k.	k.	k.	k.	k.	k.	k.
Durham	3	Maxima, 8 ans 10 m. Minima, 5 ans 7 m.	6 ans 9 m. 20 j.	Max. 1,137 Min. 857	958	Max. 36,713 Min. 33,761	34,770	Max. 28,321 Min. 23,119	26,408	Max. 43,119 Min. 34,965	38,820
Salers	5	Max. 6 ans Min. 5 ans	5 ans 5 m.	Max. 1,065 Min. 902	977	Max. 38,304 Min. 32,105	34,337	Max. 28,801 Min. 20,102	24,471	Max. 47,100 Min. 32,894	41,068
Choletaise	3	Max. 7 ans. Min. 5 ans 10 mois.	6 ans 7 m.	Max. 900 Min. 790	836	Max. 35,480 Min. 27,892	32,707	Max. 26,153 Min. 22,695	24,273	Max. 48,140 Min. 37,980	42,891
Durham-charolaise	5	Max. 6 ans 9 mois. Min. 4 ans 10 mois.	5 ans 6 m.	Max. 1,160 Min. 744	1,010	Max. 36,010 Min. 28,571	32,199	Max. 33,786 Min. 24,324	27,495	Max. 44,413 Min. 36,746	42,248
Cotentine	2	Max. 7 ans. Min. 5 ans.	6 ans.	Max. 1,340 Min. 1,025	1,182	Max. 32,989 Min. 26,991	29,990	Max. 26,418 Min. 26,341	26,379	Max. 46,666 Min. 40,592	43,629
Agenaise	1	» 8 ans.	»	» 1,160	»	» 35,925	»	» 23,056	»	» 41,019	»
Durham-cotentine	1	» 4 ans 3 mois.	»	» 915	»	» 34,859	»	» 22,183	»	» 42,957	»
Charolaise	1	» 7 ans 1 mois.	»	» 965	»	» 33,764	»	» 27,140	»	» 39,095	»
Limousine	1	» 7 ans.	»	» 950	»	» 29,457	»	» 24,341	»	» 46,201	»
	22										

N° 9.

VACHES DE L'AGE DE 7 A 12 ANS.

Classification du rendement proportionnel en viande de 1re, 2e et 3e qualités pour 100 de viande débitée.

RACES.	NOMBRE de vaches.	AGE.		POIDS VIF.		VIANDE de 1re qualité.		VIANDE de 2e qualité.		VIANDE de 3e qualité.	
		Extrêmes.	Moyennes.	Extrêmes.	Moyenn.	Extrêmes.	Moyenn.	Extrêmes.	Moyenn.	Extrêmes.	Moyenn.
					k.	k.	k.	k.	k.	k.	k.
Devon............	3	Maxima, 8 ans. Minima, 7 ans.	7 ans 4 m.	Max. 640 Min. 530	579	Max. 39,340 Min. 36,760	37,873	Max. 37,820 Min. 25,550	30,463	Max. 35,210 Min. 34,650	34,986
Durham............	10	Maxima, 12 ans. Minima, 7 ans 6 m.	9 ans 9 m. 1/2	Max. 920 Min. 730	813	Max. 38,636 Min. 33,946	36,563	Max. 38,721 Min. 22,996	27,472	Max. 43,062 Min. 24,622	35,963
	13										

En parcourant ces trois tableaux et en s'attachant à la colonne des moyennes du rendement des animaux jeunes et adultes, on s'aperçoit que *les jeunes bœufs donnent un rendement plus considérable en viande de première qualité que les bœufs adultes.*

Afin de mettre ce résultat important beaucoup plus en relief, nous avons réuni toutes les moyennes, et nous en avons extrait de nouvelles moyennes que nous avons réunies dans le tableau qui suit.

N° 10. **TABLEAU COMPARATIF**

des moyennes de rendement proportionnel en chair de 1re, 2e et 3e qualités, par les bœufs âgés de 2 à 4 ans, les bœufs âgés de 4 à 8 ans, et les vaches de 7 à 12 ans, pour 100 de viande débitée.

ANIMAUX.	NOMBRE.	AGE.	NOMBRE DE MOYENNES.	RENDEMENT PROPORTIONNEL pour 100 de viande débitée, 1re qualité. Extrêmes.		RENDEMENT PROPORTIONNEL pour 100 de viande débitée, 1re qualité. Moyenne des moyennes.	RENDEMENT PROPORTIONNEL pour 100 de viande débitée, 2e qualité. Extrêmes.		RENDEMENT PROPORTIONNEL pour 100 de viande débitée, 2e qualité. Moyenne des moyennes.	RENDEMENT PROPORTIONNEL pour 100 de viande débitée, 3e qualité. Extrêmes.		RENDEMENT PROPORTIONNEL pour 100 de viande débitée, 3e qualité. Moyenne des moyennes.
					k.	k.		k.	k.		k.	k.
VACHES. . .	13	De 7 à 12 ans.	2	Maxima,	37,873	37, 219	Maxima,	30,463	28, 967	Maxima,	35,963	35, 474
				Minima,	36,563		Minima,	27,472		Minima,	34,986	
BŒUFS. . .	23	De 2 à 4 ans.	7	Maxima,	36,285	33, 613	Maxima,	26,328	24, 920	Maxima,	43,260	40, 957
				Minima,	31,816		Minima,	20,999		Minima,	37,500	
BŒUFS. . .	22	De 4 à 8 ans.	5	Maxima,	34,770	32, 890	Maxima,	27,495	25, 805	Maxima,	43,629	41, 731
				Minima,	29,990		Minima,	24,271		Minima,	38,820	

Ce résumé démontre donc bien réellement que ***les jeunes bœufs de 2 à 4 ans donnent un rendement plus élevé que les bœufs âgés de 4 à 8 ans en chair de première qualité.*** Un fait remarquable se présente à examiner ici. La Société a dû remarquer que les vaches dont le rendement en chair nette des quatre quartiers est moins fort que celui des bœufs donnent un *rendement plus considérable en chair de première qualité que les bœufs âgés de 2 à 4 ans et de 4 à 8 ans.* Le grain fin, la fibre délicate de la chair de la vache, son squelette formé d'os petits et durs, et surtout le développement plus large des reins et du bassin, parties où vient se développer une plus grande masse de chair formant les morceaux de choix, donnent, nous le pensons, l'explication de cette particularité. Enfin on a dû remarquer aussi que ces rendements supérieurs ont particulièrement été donnés par des vaches très-précoces et admirablement bien conformées, appartenant aux races durham et devon.

Quant au rendement en chair de première qualité des jeunes bœufs âgés de 2 à 4 ans, les durhams se classent les premiers avec un rendement de 36 pour 100. Les durhams-schwitz viennent ensuite avec un rendement de 34 pour 100; les durhams-charolais, les charolais et les devons se présentent *ex æquo* avec 33 pour 100; puis arrivent les durhams-cotentins avec 32 pour 100; enfin les cotentins se rangent les derniers en donnant encore un rendement considérable de 31 pour 100.

Dans la classification du rendement des bœufs âgés de 4 à 8 ans, en chair de première qualité pour 100 kilog. de viande débitée, se placent en première ligne les bœufs de Durham et de Salers avec le rendement admirable de 34 pour 100. Puis se pressent les choletais et les durhams-charolais avec le chiffre élevé de 32 pour 100; et enfin les cotentins en donnant le chiffre le plus bas de 29, ou à peu près de 30 pour 100.

Jusqu'à présent, nous devons le faire remarquer, les durhams seuls, en raison de leur admirable conformation d'animaux de boucherie, et les durhams-schwitz, n'ont donc battu nos meilleures races françaises salers, choletaise et charolaise que de 1 *à* 2 *pour* 100 *sur le terrain du rendement en chair de première qualité.*

Or cette différence minime, qui, nous l'espérons, disparaîtra dans quelques années, ne doit-elle pas engager les bons éleveurs à perfectionner par elles-mêmes les meilleures de nos races françaises, d'une origine antique, dont le type, bien déterminé, est fixe, races qui, indépendamment de leur appropriation à la nature du sol, à l'état de l'agriculture, sont, en outre, en harmonie avec l'industrie rurale, commerciale, et les débouchés des localités où on les élève et où on les engraisse?

Un autre fait, que nous ne devons point oublier de signaler à l'attention de la société, s'est produit dans les tableaux (*voyez* les tableaux n°s 3, 4 et 5, pages 11, 12 et 13) *du rendement en chair des quatre quartiers proportionnellement à* 100 *kilog. de poids vif*; le voici : parmi les bœufs de 2 à 4 ans appartenant à différentes races françaises et étrangères, les croisés durhams-schwitz, durhams-mancelles, durhams-charolais et durhams-cotentins se placent en première ligne avec un rendement en chair nette de 64 à 66 pour 100 de poids vif, tandis que les bœufs appartenant aux races cotentine, agenaise, devon et durham se classent dans les rendements de 61 à 63 pour 100. Le rendement de sept bœufs durhams n'a pas dépassé le chiffre inférieur de 61, également pour 100. Des résultats non moins dignes d'être signalés sont consignés dans le tableau comparatif du rendement des bœufs âgés de 4 à 10 ans.

Ici la race française *limousine* se place en première ligne avec le rendement considérable de 66 pour 100 de poids vivant; puis se rangent en deuxième ligne *ex æquo* les salers et les durhams avec 65 pour 100; en troisième ligne, la bonne race choletaise avec 63 pour 100; en quatrième ligne, les durhams-charolais, les agenais, les durhams-cotentins et les charolais, avec 62 pour 100; et enfin, en cinquième ligne, les bourbonnais et les cotentins, avec **58 pour 100,** dernier rendement qui ne s'élève que de **1** pour **100** au-dessus de celui des bons et beaux bœufs amenés aux marchés de Sceaux et de Poissy.

En présence de ces résultats inattendus, à savoir, **1°** que *les jeunes croisés* durhams-schwitz, mancelles et charolais donnent un rendement net plus considérable que les *durhams purs, élevés et engraissés la plupart dans les bouveries nationales*, **2°** que les bœufs âgés *de plus de 4 ans, appartenant aux races françaises limousine, salers, choletaise, agenaise et charolaise, donnent un rendement moyen presque aussi élevé en chair nette des quatre quartiers que les durhams purs et plus fort que les métis de cette race*, nous pensons, cependant, qu'il est prudent, quant à présent, de ne chercher à tirer aucune déduction de cette classification. Dans les questions de ce genre, il nous paraît sage de ne point se prononcer et de laisser un plus grand nombre de chiffres se produire dans les comptes rendus officiels.

§ 3.

Qualité de la chair des jeunes bœufs de 2 à 4 ans, comparée à celle d'animaux plus âgés.

Avant l'introduction, en France, des races anglaises précoces, et avant, surtout, l'institution de l'exhibition nationale de Poissy, bouchers, agriculteurs et consommateurs français doutaient généralement que la chair des jeunes animaux de boucherie de 2 à 4 ans fût aussi belle, aussi mûre et aussi bonne que celle des bœufs âgés de 5, 6 et 7 ans.

Depuis une dizaine d'années, beaucoup moins d'incertitude existe sur ce point. Les résultats obtenus par les concours de boucherie sont de nature à faire disparaître les dissidences qui pourraient encore exister à cet égard. Nous désirons faire connaître ces résultats.

Les notes fournies par les commissaires du rendement et

par les bouchers acheteurs des bœufs primés sont toutes loin d'être complètes sur la qualité de la chair ; mais pourtant elles peuvent concourir puissamment à la solution de la question dont il s'agit.

Pour fixer la qualité de la viande nous avons tenu compte des beautés et des défectuosités qui étaient notées. Ces renseignements sont consignés dans les tableaux n°s 1, 3, 4 et 5, pages 5, 11, 12 et 13. Il résulte de l'examen de ces tableaux que la chair des jeunes bœufs précoces, d'après la déclaration même des bouchers, est aussi belle, aussi fine, et, lorsque l'engraissement est complet, aussi mélangée de graisse parmi ses faisceaux musculaires, ou en terme de boucherie, aussi bien *marbrée* ou *persillée* que celle des bœufs déjà âgés. C'est là un fait considérable que les concours de boucherie sont venus démontrer et rendre incontestable.

Mais cette chair est-elle aussi recherchée par le consommateur? Les amateurs de potage et de bouilli, et il y en a un grand nombre en France, notamment dans les départements, préfèrent la chair d'un bœuf adulte ou vieux à celle d'un jeune bœuf pour le pot-au-feu. En cela, ils n'ont certes pas tort. C'est qu'en effet la chair des bœufs de 5 à 8 ans donne un bouillon plus savoureux et d'un goût plus parfait que celui fourni par la chair des bœufs de 2 à 3 ans, qui ne possède pas, à un degré aussi marqué, ces qualités si prisées par beaucoup de personnes. Mais, à son tour, la chair rôtie des bœufs qui ont dépassé l'âge de 5 à 6 ans, et surtout de ceux qui ont travaillé, est dure, sèche ou peu succulente, tandis que celle des jeunes bœufs fournit d'excellents rosbifs et de très-bons biftecks. Ce qu'il y a de certain toutefois, c'est qu'aujourd'hui la chair fine et délicate des jeunes bœufs est partout appréciée à sa juste valeur. Quant à la propriété alibile de l'une et de l'autre chair, cette question n'a pas été, que nous le sachions du moins, appréciée d'une manière rigoureusement concluante au point de vue chimique et physiologique.

En ce qui touche les qualités comparées de la chair provenant de bœufs appartenant à différentes races, les devons, les durhams et les métis de cette dernière race, les cotentins, les choletais, les salers, les limousins, les agenais sont notés comme donnant une viande de qualité supérieure.

Bien que la chair des jeunes bœufs d'élite de la belle et bonne race charolaise ait été considérée comme d'une qualité parfaite, celle des bœufs plus âgés réclame un grain plus fin, des fibres plus déliées et entremêlées d'une plus grande quantité de graisse. Cette remarque s'applique également aux bœufs bourbonnais.

§ 4.

Les jeunes bœufs précoces, âgés de 2 à 4 ans, donnent-ils un rendement en graisse ou suif aussi élevé que les animaux âgés de 4 à 10 ans et plus?

On entend dire aux bouchers, et certaines personnes répètent avec eux, que les jeunes animaux ont moins de graisse intérieure que les adultes et surtout les vieux ; cela est généralement vrai. La graisse, dans le jeune âge, s'accumule plus particulièrement à l'extérieur dans le tissu cellulaire sous-cutané et intermusculaire.

En cela la nature se montre sans doute prévoyante, car l'accumulation de la graisse dans l'abdomen, dans la première période de la vie, pourrait gêner le développement et les fonctions des viscères digestifs.

On a remarqué aussi que certaines races, quelle que soit, d'ailleurs, la période de la vie, avaient une tendance à l'accumulation de la graisse à l'extérieur. La race anglaise à longues cornes, qui avait été perfectionnée par Bakewell, était remarquable sous ce rapport. En France, la race limousine présente également cette particularité.

On a dit aussi que la graisse des jeunes animaux était généralement blanche et qu'elle n'offrait pas cette belle couleur jaune beurre frais ou dorée qui est le caractère de sa complète maturité ; enfin que cette graisse n'était pas assez bien disséminée dans l'épaisseur des fibres musculaires pour constituer la viande *marbrée*, *persillée* ou de premier choix.

L'examen de la graisse des jeunes bœufs primés dans les concours de boucherie devait élucider toutes ces questions et débarrasser la vérité du voile dont les bouchers la recouvraient. Il nous paraît donc utile de faire connaître la moyenne des résultats consignés dans les comptes rendus des concours; et, dans le but de les mettre en évidence, nous avons classé séparément les rendements proportionnels en graisse pour 100 de poids vif fournis par de jeunes bœufs, des bœufs d'un âge mûr et des vaches, la plupart âgés de 4 à 17 ans et appartenant aux races durham, devon, herefort et cotentine, afin d'établir une comparaison.

Voici ces tableaux :

N° 11.

BOEUFS AGÉS DE DEUX A QUATRE ANS.

Classification du rendement proportionnel de la graisse pour 100 du poids vif. — Qualité de la graisse.

RACES.	NOMBRE de bœufs.	AGE. Extrêmes.	AGE. Moyennes.	POIDS VIF. Extrêmes.	POIDS VIF. Moyennes.	RENDEMENT. Extrêmes.	RENDEMENT. Moyennes.	QUALITÉ de la graisse.
Durham-charolaise. .	11	Maxima, 4 ans. Minima, 2 ans 9 mois.	3 ans 7 mois.	Maxima, k. 1,050 Minima, 720	k. 860	Maxima, k. 14,432 Minima, 5,721	k. 9,266	Première qualité, jaune clair.
Durham-schwitz. . . .	5	Max. 4 ans. Min. 3 ans 2 mois.	3 ans 8 mois.	Max. 955 Min. 655	845	Max. 10,916 Min. 7,467	8,923	Première qualité, bien mûre.
Durham-cotentine. .	19	Max. 4 ans. Min. 3 ans.	3 ans 7 mois.	Max. 1,092 Min. 685	867	Max. 12,948 Min. 5,036	8,848	Première qualité, jaune clair.
Cotentine.	4	Max. 4 ans. Min. 2 ans 6 mois.	3 ans 4 mois.	Max. 1,005 Min. 778	905	Max. 11,389 Min. 5,208	8,551	Première qualité, bien mûre.
Durham-mancelle. . .	4	Max. 3 ans 7 mois. Min. 3 ans 3 mois.	3 ans 5 mois.	Max. 832 Min. 734	777	Max. 10,206 Min. 7,425	8,471	»
Agenaise.	2	Max. 3 ans 11 mois. Min. 3 ans 10 mois.	3 ans 10 mois	Max. 1,088 Min. 674	881	Max. 8,160 Min. 7,443	7,801	Première qualité, belle couleur.
Devon.	3	Max. 4 ans. Min. 3 ans 4 mois.	4 ans 6 mois.	Max. 950 Min. 525		Max. 9,333 Min. 5,806	7,748	Première qualité, bien mûre.
Charolaise.	8	Max. 3 ans 11 mois. Min. 3 ans 3 mois.	3 a. 8 m. 1/2	Max. 868 Min. 680	763,75	Max. 9,375 Min. 4,929	7,032	Première qualité, d'un beau jaune.
Durham.	7	Max. 3 ans 7 mois. Min. 2 ans 10 mois.	3 ans 3 mois.	Max. 1,084 Min. 665	811	Max. 8,191 Min. 5,298	6,524	Belle qualité.
Durham-bretonne. . .	1	4 ans.	»	574	»	5,923	»	»
	64							

N° 12. **BOEUFS AGÉS DE 4 A 10 ANS.**

Classification du rendement proportionnel de la graisse pour 100 de poids vif. — Qualité de la graisse.

RACES.	NOMBRE de bœufs.	AGE. Extrêmes.	AGE. Moyennes.	POIDS VIF. Extrêmes.	POIDS VIF. Moyennes.	RENDEMENT proportionnel de la graisse. Extrêmes.	RENDEMENT proportionnel de la graisse. Moyennes.	QUALITÉ de la graisse.
				k.	k.	k.	k.	
Durham-cotentine..	2	Maxima, 5 ans. Minima, 4 ans 3 mois.	4 ans 7 m. 1/2	Maxima, 935 Minima, 915	925	Maxima, 13,262 Minima, 10,928	12,095	Première qualité, belle couleur jaune clair.
Choletaise.........	5	Max. 7 ans. Min. 5 ans 10 mois.	6 ans 6 mois 24 jours.	Max. 900 Min. 820	844	Max. 11,455 Min. 8,722	9,578	Première qualité, belle couleur jaune beurre frais.
Cotentine........	5	Max. 8 ans. Min. 6 ans.	7 ans.	Max. 1,340 Min. 1,025	1,176	Max. 11,418 Min. 7,948	9,555	Première qualité, belle coul.
Durham-bretonne...	1	» 6 ans.	»	» 894	»	» 8,948	»	»
Agenaise..........	6	Max. 10 ans. Min. 4 ans 5 mois.	7 ans 1 mois.	Max. 1,160 Min. 955	1,056	Max. 10,314 Min. 7,486	8,603	Première qualité, parfaite.
Charolaise........	12	Max. 8 ans. Min. 5 ans.	6 ans 8 mois.	Max. 1,160 Min. 910	1,023	Max. 11,295 Min. 5,446	8,391	Belle qualité, couleur beurre frais.
Saintongeoise......	1	» 8 ans.	»	» 899	»	» 7,786	»	»
Limousine.........	3	Max. 7 ans. Min. 7 ans.	7 ans.	Max. 950 Min. 865	911	Max. 8,369 Min. 6,936	7,698	Première qualité, d'un beau jaune.
Comtoise..........	1	» 4 ans 4 mois.	»	» 787	»	» 7,623	»	»
Bourbonnaise......	3	Max. 7 ans 2 mois. Min. 6 ans.	6 ans 5 mois.	Max. 1,013 Min. 950	979	Max. 9,733 Min. 5,923	7,569	Première qualité, blanche.
Salers............	14	Max. 7 ans. Min. 5 ans.	5 ans 8 mois.	Max. 1,065 Min. 900	955,8	Max. 10,601 Min. 4,656	7,414	Première qualité, bien mûre.
Durham-charolaise..	4	Max. 6 ans 9 mois. Min. 4 ans 10 mois.	5 ans 7 m. 1/2	Max. 1,157 Min. 744	973	Max. 7,828 Min. 6,396	7,205	Belle qualité, coul. beurre frais.
Durham-suissé......	1	» 7 ans.	»	» 915	»	» 6,994	»	Bonne.
Suisse de Fribourg..	1	» 7 ans.	»	» 1,047	»	» 6,924	»	»
Durham...........	1	Max. 8 ans 10 mois. Min. 5 ans 7 mois.	6 ans 9 mois.	Max. 1,137 Min. 857	987	Max. 8,487 Min. 4,027	6,907	Première qualité, bien mûre, d'un beau jaune doré.
Bressanne.........	1	» 6 ans.	»	» 1,155	»	» 6,242	»	»
	61							

N° 15.

VACHES AGÉES DE 4 A 17 ANS.

Classification du rendement proportionnel de la graisse pour 100 de poids vif. — Qualité de la graisse.

RACES.	NOMBRE de vaches.	AGE. Extrêmes.	AGE. Moyennes.	POIDS VIF. Extrêmes.	POIDS VIF. Moyennes.	RENDEMENT proportionnel de la graisse. Extrêmes.	RENDEMENT proportionnel de la graisse. Moyennes.	QUALITÉ de la graisse.
Durham-cotentine..	1	3 ans 8 mois.	»	kil. 618	kil. »	kil. 10,679	kil. »	»
Cotentine.........	2	Maxima, 6 ans 11 mois. Minima, 6 ans 3 mois.	6 ans 7 mois.	Maxima, 740 Minima, 652	696	Maxima, 11,081 Minima, 8,742	9,911	Belle qualité, belle couleur jaune clair.
Devon..............	6	Max. 8 ans. Min. 5 ans 3 mois.	6 ans 7 mois.	Max. 640 Min. 530	565	Max. 12,081 Min. 6,406	9,641	Première qualité, supérieure, d'un beau jaune clair.
Durham............	18	Max. 17. Min. 5.	9 ans 7 mois 20 jours.	Max. 950 Min. 665	767	Max. 11,717 Min. 4,903	8,521	Première qualité, parfaite.
Hereford...........	2	Max. 7 ans 3 mois. Min. 5 ans 11 mois.	6 ans 7 mois.	Max. 720 Min. 607	663	Max. 8,333 Min. 7,442	7,887	Belle qualité.
	29							

En jetant les yeux sur ces tableaux, on voit que le chiffre du rendement proportionnel en graisse, donné par les bœufs mûrs et les vaches âgées n'est pas sensiblement plus élevé que celui des jeunes bœufs. Nous avons voulu mettre en relief cette différence en prenant la moyenne des moyennes, et voici le résultat auquel nous sommes arrivé.

N° 14. *Tableau comparatif des* moyennes *du rendement proportionnel de la graisse des bœufs âgés de* **2** *à* **4** *ans, de* **4** *à* **10** *ans, et de vaches âgées de* **4** *à* **17** *ans.*

ANIMAUX.	Nombre.	AGE.	Nombre des moyennes.	RENDEMENT P. 100 DE POIDS VIF. Extrêmes.		Moyennes des moyennes
					k.	k.
VACHES......	29	4 à 10 ans.	4	Maxima,	9,911	8,990
				Minima,	7,887	
BOEUFS.....	64	4 à 10 ans.	10	Max.	12,095	8,501
				Min.	6,907	
BOEUFS......	64	2 à 4 ans.	9	Max.	9,266	8,129
				Min.	6,524	

Comme on le voit, le rendement proportionnel en graisse pour **100** de poids vif des bœufs de **2** à **4** ans n'est donc séparé que par des décimales de celui donné par les vaches de **4** à **17** ans et les bœufs de **4** à **10** ans.

Les meilleurs bouchers de la capitale estiment que les bons bœufs bien gras conduits aux marchés d'approvisionnement de la capitale rendent, en moyenne, **8** pour **100** de suif pour **100** de poids vif. Or nos tableaux démontrent que les bœufs de **2** à **4** ans, durhams-charolais, ont donné **9** pour **100**, que le chiffre des durhams-schwitz, des durhams-cotentins, des cotentins et des durhams-mancelles s'est élevé à **8**; que celui des agenais et des devons a été de **7**; enfin que les durhams n'ont atteint que le chiffre de **6**.

La moyenne des *moyennes* des soixante-quatre jeunes bœufs de **2** à **4** ans égale le chiffre de **8** pour **100** de poids vif, chiffre sur lequel calculent les bouchers pour le plus grand nombre des bœufs qu'ils abattent.

On peut objecter que ces rendements ayant été donnés par des animaux de choix et poussés à un état d'engraissement extrême en but des concours, il n'est pas possible de les comparer aux rendements ordinaires. Cette objection est spécieuse, car, nous le répétons, nos chiffres comparatifs portent sur les jeunes et les vieux animaux engraissés également d'une manière extraordinaire en vue des primes accordées au concours.

En résumé, les jeunes bœufs de **2** à **4** ans primés dans les exhibitions nationales donnent donc le rendement moyen proportionnel en graisse s'élevant à **8** pour **100** de poids vif, chiffre égal à celui des bœufs de **4** à **10** ans.

Mais la graisse de ces jeunes bœufs possède-t-elle toutes les qualités qui constituent la graisse mûre, et cette maturité est-elle uniformément acquise à l'intérieur et à l'extérieur du corps? Or, en jetant les yeux sur l'un et l'autre des tableaux que nous avons dressés afin de spécifier la qualité de la graisse des animaux de **2** à **4** ans et de **4** à **17** ans (1), on voit que, d'après la déclaration même des bouchers et des commissaires du rendement, la graisse des jeunes bœufs possède la belle couleur jaune beurre frais ou dorée si recherchée des bouchers et des consommateurs, qu'elle est fine et mûre, qu'en un mot elle a acquis tous les caractères qui constituent la graisse de première qualité, qui peut être agréablement mangée avec la chair rôtie ou bouillie.

Quant au rendement proportionnel plus ou moins élevé donné par les animaux de races différentes, ce rendement se trouve classé ainsi qu'il suit:

---

(1) Voyez tableaux n°s 1, 11, 12 et 13, pages 28, 29 et 30.

Pour les jeunes bœufs, les durhams-charolais se trouvent placés au premier rang avec 9 pour 100 : viennent ensuite les durham-schwitz, les durhams-cotentins, les cotentins et les durhams-mancelles avec le chiffre de 8, les agenais, les devons et les charolais avec le chiffre 7; enfin les durhams n'atteignent que le chiffre 6.

Dans le classement des bœufs de 4 à 10 ans, les durhams-cotentins marchent les premiers avec le magnifique rendement de 12 pour 100; les choletais et les cotentins, avec le chiffre de 9; les agenais et les charolais, avec 8; les limousins, les bourbonnais, les salers et les durhams-charolais, avec 7; enfin les durhams purs, avec 6. Pour le rendement de la graisse, les bœufs durhams, jeunes ou vieux, descendent donc au chiffre moyen le plus bas.

Les vaches cotentines ont donné le rendement de près de 10 pour 100; les devons, 9; les durhams, 8, et les hereforts, 7.

Comme on le voit, en résumé, les jeunes bœufs croisés durhams de toutes les races fournissent donc, généralement, le plus fort rendement en graisse.

Parmi les bœufs au-dessus de 4 ans, les durhams-cotentins tiennent le sommet de l'échelle numérique. Les échelons suivants sont successivement occupés par les races françaises pures, tandis que les chiffres les plus bas, résultat imprévu, appartiennent aux métis durhams-charolais et aux durhams purs.

Nous nous empressons maintenant, messieurs, d'aborder une autre question qui n'est pas non plus sans importance; nous voulons parler du poids du cuir proportionnellement au poids vif.

§ 5.

La proportion du poids du cuir pour 100 de poids vif est-elle plus ou moins considérable chez les jeunes bœufs que chez les vieux? Les races anglaises pures et les métis de ces races ont-ils un cuir moins pesant que les races françaises? Existe-t-il un rapport constant entre le peu d'épaisseur du cuir et le rendement en viande, en graisse et le poids des issues?

Les comptes rendus des concours peuvent-ils élucider les questions que nous venons de poser? Pour parvenir à atteindre ce résultat, nous avons dressé trois tableaux isolés comprenant le poids proportionnel du cuir pour 100 de poids vif donné par les jeunes bœufs, les bœufs mûrs et les vaches avancées en âge, et nous avons classé ce poids en regard de celui de l'animal vivant.

Voici ces tableaux :

N° 15. **BOEUFS AGÉS DE 2 A 4 ANS.**

Classification proportionnelle du poids du cuir pour 100 de poids vif.

RACES.	NOMBRE de bœufs.	AGE. Extrêmes.	AGE. Moyennes.	POIDS VIF. Extrêmes.	POIDS VIF. Moyennes.	POIDS proportionnel du cuir. Extrêmes.	POIDS proportionnel du cuir. Moyennes.
				k.	k.	k.	k.
Durham	7	Maxima, 3 ans 7 mois.	3 ans 3 mois.	Maxima, 1,084	811	Maxima, 6,768	5,300
		Minima, 2 ans 10 mois.		Minima, 665		Minima, 4,566	
Cotentine	4	Max. 4 ans.	3 ans 4 mois.	Max. 1,005	905	Max. 6,362	5,923
		Min. 2 ans 6 mois.		Min. 778		Min. 5,312	
Durham-mancelle	4	Max. 3 ans 7 mois.	3 ans 5 mois.	Max. 832	777	Max. 6,550	5,957
		Min. 3 ans 3 mois.		Min. 734		Min. 5,064	
Devon	3	Max. 4 ans.	4 ans 6 mois.	Max. 950	698	Max. 6,857	6,027
		Min. 3 ans 4 mois.		Min. 525		Min. 4,791	
Durham-cotentine	19	Max. 4 ans.	3 ans 7 mois.	Max. 1,092	867	Max. 7,700	6,041
		Min. 3 ans.		Min. 685		Min. 5,128	
Durham-schwitz	5	Max. 4 ans.	3 ans 8 mois.	Max. 955	845	Max. 6,641	6,071
		Min. 3 ans 2 mois.		Min. 655		Min. 5,549	
Durham-charolaise	11	Max. 4 ans	3 ans 7 mois.	Max. 1,050	860	Max. 9,657	6,426
		Min. 2 ans. 9 mois.		Min. 720		Min. 5,025	
Charolaise	8	Max. 3 ans 11 mois.	3 ans 8 mois 1/2	Max. 868	763,75	Max. 9,154	6,574
		Min. 3 ans 3 mois.		Min. 680		Min. 5,069	
Durham-bretonne	1	4 ans.	»	574	»	6,620	»
Agenaise	2	Max. 3 ans 11 mois.	3 ans 10 mois 1/2	Max. 1,088	881	Max. 7,937	7,092
		Min. 3 ans 10 mois.		Min. 674		Min. 6,250	
	64						

N° 16.

BOEUFS AGÉS DE 4 A 10 ANS.

Classification proportionnelle du poids du cuir pour 100 du poids vif.

RACES.	NOMBRE de bœufs.	AGE. Extrêmes.	AGE. Moyennes.	POIDS VIF. Extrêmes.	POIDS VIF. Moyennes.	POIDS proportionnel du cuir. Extrêmes.	POIDS proportionnel du cuir. Moyennes.
				k.	k.	k.	k.
Agenaise	6	Maxima, 10 ans.	7 ans 1 mois.	Maxima, 1,160	1,056	Maxima, 6,001	5,458
		Minima, 4 ans 5 mois.		Minima, 955		Minima, 4,655	
Durham-bretonne	1	» 6 ans.	»	» 894	»	» 5,592	»
Charolaise	12	Max. 8 ans.	6 ans 8 m. 1/2.	Max. 1,160	1,023	Max. 6,646	5,626
		Min. 5 ans.		Min. 910		Min. 5,054	
Cotentine	5	Max. 8 ans.	7 ans.	Max. 1,340	1,176	Max. 6,495	5,782
		Min. 6 ans.		Min. 1,025		Min. 4,975	
Bourbonnaise	3	Max. 7 ans 2 mois.	6 ans 5 mois.	Max. 1,013	979	Max. 6,157	5,813
		Min. 6 ans.		Min. 950		Min. 5,330	
Durham-cotentine	2	Max. 5 ans.	4 ans 7 m. 1/2.	Max. 935	925	Max. 5,901	5,892
		Min. 4 ans 3 mois.		Min. 915		Min. 5,883	
Salers	14	Max. 7 ans.	5 ans 8 mois.	Max. 1,065	955,8	Max. 7,648	6,083
		Min. 5 ans.		Min. 900		Min. 5,988	
Durham-charolaise	4	Max. 6 ans 9 mois.	5 ans 7 m. 1/2.	Max. 1,157	973	Max. 7,200	6,094
		Min. 4 ans 10 mois.		Min. 744		Min. 5,272	
Saintongeoise	1	» 8 ans.	»	» 899	»	» 6,115	»
Choletaise	5	Max. 7 ans.	6 ans 6 m. 24 j.	Max. 900	844	Max. 6,764	6,299
		Min. 5 ans 10 mois.		Min. 820		Min. 6,032	
Durham-suisse	1	» 7 ans.	»	» 915	»	» 6,338	»
Durham	4	Max. 8 ans 10 mois.	6 ans 9 mois.	Max. 1,137	987	Max. 8,487	6,359
		Min. 5 ans 7 mois.		Min. 857		Min. 4,027	
Limousine	3	Max. 7 ans.	7 ans.	Max. 950	911	Max. 7,396	6,926
		Min. 7 ans.		Min. 865		Min. 6,589	
Bressanne	1	» 6 ans.	»	» 1,155	»	» 7,186	»
Suisse de Fribourg	1	» 7 ans.	»	» 1,047	»	» 7,593	»
Comtoise	1	» 4 ans 4 mois.	»	» 787	»	» 7,750	»
	64						

N° 17.

VACHES AGÉES DE 4 A 17 ANS.

Classification proportionnelle du poids du cuir pour 100 de poids vif.

RACES.	NOMBRE de vaches.	AGE.		POIDS VIF.		POIDS PROPORTIONNEL DU CUIR.	
		Extrêmes.	Moyennes.	Extrêmes.	Moyennes.	Extrêmes.	Moyennes.
HEREFORT......	2	Max., 7 ans 3 m. Min., 5 ans 11 m.	6 ans 7 m.	Maxima, k. 720 Minima, 607	k. 663	Maxima, k. 5,271 Minima, 4,305	k. 4,788
DEVON........	6	Max. 8 ans Min. 5 ans 3 m.	6 ans 7 m.	Max. 640 Min. 530	565	Max. 5,660 Min. 4,382	5,095
DURHAM.......	18	Max. 17 ans Min. 5 ans	9 a.7m.20 j.	Max. 950 Min. 665	767	Max. 6,351 Min. 4,413	5,194
DURHAM-COTENTINE.	1	» 3 ans 8 m.	»	» 618	»	» 5,582	»
COTENTINE......	2	Max. 6 ans 11 m. Min. 6 ans 3 m.	6 ans 7 m.	Max. 740 Min. 652	696	Max. 6,825 Min. 5,337	6,081
	29						

En jetant les yeux sur cette classification, on s'aperçoit aussitôt que l'âge des animaux n'apporte aucune différence dans le poids proportionnel du cuir; cela devait être, car l'animal qui a la peau épaisse et dure, étant jeune, doit la conserver ainsi en vieillissant.

Mais le peu d'épaisseur du cuir, et par conséquent son poids, est-il en rapport avec la bonne conformation des animaux et la disposition à un engraissement rapide?

Les bœufs qui ont été primés dans les concours devant être considérés comme des animaux de choix, il nous importait beaucoup de comparer la moyenne proportionnelle du poids de leur cuir avec la moyenne proportionnelle aussi du poids du cuir des bons bœufs tués dans les abattoirs de Paris. Cette moyenne, pour ces derniers, est de **7** kilogr. pour **100** de poids vif.

Dans l'intention de bien faire saisir la comparaison que nous désirons établir ici, nous avons dressé le tableau suivant:

N° **17** *bis. Tableau comparatif des* moyennes *du poids proportionnel du cuir des bœufs âgés de* **2** *à* **4** *ans, de* **4** *à* **10** *ans, et des vaches âgées de* **4** *à* **17** *ans, et les beaux bœufs conduits aux marchés de Sceaux et de Poissy.*

ANIMAUX.	Nombre.	AGE.	Nombre des moyennes.	POIDS PROPORTIONNEL pour 100 de poids vif. Extrêmes.		POIDS PROPORTIONNEL pour 100 de poids vif. Moyennes des moyennes	MOYENNE des beaux bœufs sacrifiés dans les abattoirs.
					k.		
Vaches. .	29	4 à 17 ans.	4	Max.	6,081	k. 5,289	k. Vaches, 6
				Min.	4,788		
Bœufs. .	64	4 à 10 ans.	10	Max.	6,926	6,033	»
				Min.	5,158		
Bœufs. .	64	2 à 4 ans.	9	Max.	7,092	6,156	k. Bœufs, 7
				Min.	5,300		

Ce tableau démontre, d'une manière évidente, que la moyenne du poids proportionnel de cent cinquante-sept peaux ou cuirs provenant des animaux inscrits dans les comptes rendus ne s'élève qu'au chiffre de 5 à 6 kil. Une différence de 1 pour 100, à peu près, se montre donc dans le poids proportionnel du cuir des animaux appartenant à des races plus ou moins perfectionnées avec celui des plus beaux bœufs conduits aux marchés de Sceaux et de Poissy.

On sait que l'épaisseur de la peau est, en quelque sorte, inhérente à chaque race, et que cette épaisseur, aussi bien que les poils plus ou moins longs, fins, tassés, fourrés, parfois, qui la recouvrent, varient selon la nature des lieux et surtout le climat. Ce n'est pas à la grande finesse de la peau qu'il faut toujours attacher le plus d'importance dans le choix d'animaux que l'on désire améliorer en vue de la précocité ou qui doivent être soumis à l'engrais, mais surtout à sa souplesse et à son élasticité, qui indiquent la laxité, l'abondance, l'intégrité du tissu cutané et l'existence d'une bonne santé.

Sa couleur bien rosée autour des ouvertures naturelles, et parfois une légère teinte jaune couleur beurre frais qui s'y trouve fondue, sont, en outre, de fort bons caractères qu'il faut s'efforcer de constater.

Mais nous avons hâte de dire si les concours ont démontré l'existence d'une relation physiologique constante entre la finesse ou l'épaisseur de la peau représentée par son poids proportionnel avec le poids vif et le rendement en chair et en graisse. Dans ce but nous avons fait le tableau suivant :

N° 18.

TABLEAU COMPARATIF

de la moyenne proportionnelle du poids du cuir pour 100 de poids vif, et de la moyenne proportionnelle du poids de la viande, de la graisse, des issues, également pour 100 de poids vif.

MOYENNE PROPORTIONNELLE du poids du cuir pour 100 de poids vif.	NOMBRE d'animaux.	BOEUFS et VACHES. — Extrêmes des âges.	RACES.	MOYENNE PROPORTIONNELLE, sans les décimales, du poids de la viande, de la graisse et des issues pour 100 de poids vif. Viande.	Graisse.	Issues.	QUALITÉ de la VIANDE.	QUALITÉ de la GRAISSE.
				k.	k.	k.		
4 kil.........	2	De 5 à 7 ans....	Herefort...............	59	7	27	1re qualité, belle couleur.	Belle.
5 kil.........	3	De 6 à 7 ans....	Bourbonnaise..........	58	7	27	Bonne.	1re qualité, blanche.
	5	De 6 à 8 ans....	Cotentine..............	58	9	25	1re qualité.	1re qualité, belle couleur.
	1	De 4 ans.........	Durham-bretonne.......	60	5	26	"	"
	7	De 2 à 3 ans....	Durham.................	61	6	22	1re qualité, marbrée.	Belle qualité.
	12	De 4 à 10 ans....	Charolaise.............	62	8	23	Bonne qualité.	Belle qualité, coul. beurre frais.
	6	De 4 à 10 ans....	Agenaise...............	62	8	23	Très-belle, entrelardée.	1re qualité, parfaite.
	2	De 4 à 5 ans....	Durham-cotentine......	62	12	19	Belle qualité.	1re qual., belle coul. jaune clair.
	4	De 2 à 4 ans....	Cotentine..............	63	8	22	1re qualité.	1re qualité, bien mûre.
	6	De 5 à 8 ans....	Devon..................	64	9	19	1re qualité, marbrée.	1re qualité, supérieure.
	4	De 3 ans.........	Durham-mancelle.......	65	8	19	"	"
6 kil.........	1	De 8 ans.........	Saintongeoise..........	52	7	23	"	"
	1	De 7 ans.........	Durham-suisse.........	60	6	26	Bonne.	Bonne.
	8	De 3 à 4 ans....	Charolaise.............	62	7	24	B. et b. qual., parf., pas assez marb.	1re qualité, d'un beau jaune.
	3	De 3 à 4 ans....	Devon..................	62	7	24	1re qualité, marbrée.	1re qualité, bien mûre.
	4	De 4 à 6 ans....	Durham-charolaise.....	62	7	23	1re qualité.	Belle qual., coul. beurre frais.
	5	De 5 à 7 ans....	Choletaise.............	63	9	20	1re qualité.	1re qual., belle coul. beurre frais.
	19	De 3 à 4 ans....	Durham-cotentine......	64	8	20	1re qualité, marbrée.	1re qualité, jaune clair.
	4	De 5 à 8 ans....	Durham.................	65	6	21	1re qualité, très-belle, marbrée.	Belle qualité.
	14	De 5 à 7 ans....	Salers..................	65	7	19	1re qualité, marbrée.	1re qualité, bien mûre.
	11	De 2 à 4 ans....	Durham-charolaise.....	65	9	19	1re qualité, parfaite.	1re qualité, jaune clair.
	3	De 7 ans.........	Limousine..............	66	7	18	1re qualité, bien marbrée.	1re qualité, d'un beau jaune.
	5	De 3 à 4 ans...	Durham schwitz........	66	8	18	1re qualité, excellente.	1re qualité, bien mûre.
	1	De 6 ans.........	Durham-bretonne.......	66	8	19	"	"
7 kil.........	1	De 6 ans.........	Bressanne..............	52	6	28	"	"
	1	De 4 ans.........	Comtoise...............	61	7	22	Délicate, pas assez marbrée.	"
	2	De 3 à 4 ans ...	Agenaise...............	62	7	22	1re qualité, fine de grain, marbrée.	1re qualité, belle couleur.
	1	De 7 ans.........	Suisse de Fribourg.....	64	6	21	"	"

Ce tableau prouve donc que les chiffres les plus disparates se montrent dans les rapports existant entre le poids proportionnel du cuir et le rendement en chair et en graisse. On y constate, en effet, que les bêtes bovines primées qui avaient le cuir pesant entre 4 et 7 kilogr. pour 100 de poids vif ont également donné, à peu de différence près, le même rendement en chair et en graisse.

On y constate également qu'entre ces deux chiffres extrêmes la qualité de la chair et du suif est à peu près semblable.

Ces résultats, aussi remarquables qu'inattendus, s'ils étaient confirmés par d'autres faits analogues, seraient sans doute appelés à modifier l'importance que l'on accorde au plus ou moins d'épaisseur de la peau dans le choix qui doit être fait parmi les bêtes bovines d'engrais.

Enfin nous devons dire aussi que le même désaccord se montre entre le poids du cuir et le poids proportionnel des abats ou issues.

§ 6.

La moyenne proportionnelle du poids des abats est-elle en rapport avec la moyenne proportionnelle du rendement en viande et en graisse pour 100 de poids vif?

Les cavités nasales connues sous le nom de *canard*, les phalanges coupées aux genoux et aux jarrets appelées *patins*, les poumons ou *fressure*, les intestins et les matières qu'ils contiennent, le foie, le sang, la rate, etc., constituent les *abats*, *déchets* ou *issues*. Mais, parmi toutes ces *issues*, les estomacs, les intestins sont les parties dont le poids doit varier beaucoup, selon le temps qui s'est écoulé depuis le jour où le bœuf a quitté le lieu où il a été engraissé ; le trajet qu'il a parcouru, soit à pied, soit en voiture, soit en chemin de fer ; le temps qu'il a séjourné dans les abattoirs ou ailleurs, *depuis et y compris le jour du concours jusqu'au jour inclusivement où il a été sacrifié.*

Or ces conditions différentes, dans lesquelles les bœufs de concours peuvent se trouver placés, sont autant de circonstances qui font varier le rendement en chair, en graisse, le poids du cuir et des issues, proportionnellement au poids vif. Il est évident, en effet, que tel animal qui a fait une longue route à pied, que tel autre qui a séjourné un temps plus ou moins prolongé dans les bouveries des abattoirs, et qui n'a pas reçu la nourriture qui lui était servie chez l'engraisseur, a dû, en ruminant et en expulsant les excréments, se *vider les intestins*, pour me servir d'une expression généralement adoptée en langage de boucherie. Il a assurément perdu de sa graisse et de sa chair, mais dans une proportion qui n'est pas en rapport avec celle du poids des matières excrémentitielles expulsées. Or plus le bœuf aura *vidé* les viscères creux de la digestion, plus aussi, par conséquent, son rendement en viande, en graisse et en cuir, comparé au poids vif, devra être considérable. C'est ce qui existe en effet. Aussi dans nos calculs nous sommes-nous toujours servi, autant que nous l'avons pu, du poids vif constaté au moment de l'abatage, pour base de nos opérations.

Ces réserves faites, voyons si nous trouverons un rapport constant entre le rendement en chair et en graisse, et le moins possible d'abats. On doit déjà prévoir que l'animal qui aura la tête légère, le ventre peu volumineux, peu pendant et peu pesant, les cornes fines, les patins petits devra donner un rendement plus élevé en viande, et sans doute aussi en graisse, et *vice versâ*. Mais abandonnons la théorie et arrivons aux faits, dont toute bonne théorie n'est, en définitive, qu'une déduction, et cherchons 1° à démontrer le rapport qui existe entre les abats, le rendement en chair, en graisse et le poids proportionnel du cuir, 2° à faire saisir la différence qui peut exister entre le poids des abats des animaux améliorés primés dans les concours, et celui de 27 à 28 pour 100 fourni par les bons bœufs tués dans les abattoirs de Paris. Dans cette intention nous avons fait les tableaux suivants :

BOEUFS AGÉS DE 2 A 4 ANS.

Classification proportionnelle des abats ou issues pour 100 de poids vif.

RACES.	NOMBRE de bœufs.	AGE.		POIDS VIF.		POIDS proportionnel des abats ou issues.	
		Extrêmes.	Moyennes.	Extrêmes.	Moyennes.	Extrêmes.	Moyennes.
Durham-schwitz	5	Maxima, 4 ans. Minima, 3 ans 2 mois.	3 ans 8 mois.	Maxima, k. 955 Minima, 655	k. 845	Maxima, k. 20,548 Minima, 17,862	k. 18,754
Durham-charolaise	11	Max. 4 ans. Min. 2 ans 9 mois.	3 ans 7 mois.	Max. 1,050 Min. 720	860	Max. 26,003 Min. 14,846	19,389
Durham-mancelle	4	Max. 3 ans 7 mois. Min. 3 ans 3 mois.	3 ans 5 mois.	Max. 832 Min. 734	777	Max. 21,118 Min. 16,885	19,699
Durham-cotentine	19	Max. 4 ans. Min. 3 ans.	3 ans 7 mois.	Max. 1,092 Min. 685	867	Max. 26,649 Min. 16,211	20,743
Durham	7	Max. 3 ans 7 mois. Min. 2 ans 10 mois.	3 ans 3 mois.	Max. 1,084 Min. 665	811	Max. 29,669 Min. 22,994	22,216
Agenaise	2	Max. 3 ans 11 mois. Min. 3 ans 10 mois.	3 ans 10 mois 1/2.	Max. 1,088 Min. 674	881	Max. 23,532 Min. 20,995	22,263
Cotentine	4	Max. 4 ans. Min. 2 ans 6 mois.	3 ans 4 mois.	Max. 1,005 Min. 778	905	Max. 25,939 Min. 20,310	22,439
Charolaise	8	Max. 3 ans 11 mois. Min. 3 ans 3 mois.	3 ans 8 mois 1/2.	Max. 868 Min. 680	763,75	Max. 29,636 Min. 18,089	24,252
Devon	3	Max. 4 ans. Min. 3 ans 4 mois.	4 ans 6 mois.	Max. 950 Min. 525	698	Max. 28,243 Min. 18,001	24,379
Durham-bretonne	1	4 ans.	»	574	»	26,482	»
	64						

N° 20.

BOEUFS AGÉS DE 4 A 10 ANS.

Classification proportionnelle du poids des abats ou issues pour 100 de poids vif.

RACES.	NOMBRE de bœufs.	AGE. Extrêmes.	AGE. Moyennes.	POIDS VIF. Extrêmes.	POIDS VIF. Moyennes.	POIDS proportionnel des abats ou issues. Extrêmes.	POIDS proportionnel des abats ou issues. Moyennes.
				k.	k.	k.	k.
Limousine	3	Maxima, 7 ans.	7 ans.	Maxima, 950	911	Max. 23,585	18,695
		Minima, 7 ans.		Minima, 865		Min. 15,542	
Durham-bretonne	1	» 6 ans.	»	» 894	»	» 19,018	»
Salers	14	Max. 7 ans.	5 ans 8 mois.	Max. 1,065	955,8	Max. 33,839	19,077
		Min. 5 ans.		Min. 900		Min. 15,405	
Durham-cotentine	2	Max. 5 ans.	4 ans 7 mois 1/2.	Max. 935	925	Max. 21,095	19,424
		Min. 4 ans 3 mois.		Min. 915		Min. 17,754	
Choletaise	5	Max. 7 ans.	6 ans 6 m. 24 j.	Max. 900	844	Max. 21,282	20,473
		Min. 5 ans 10 mois.		Min. 820		Min. 18,414	
Suisse de Fribourg	1	» 7 ans.	»	» 1,047	»	» 21,300	»
Durham	4	Max. 8 ans 10 mois.	6 ans 9 mois.	Max. 1,137	987	Max. 24,234	21,378
		Min. 5 ans 7 mois.		Min. 857		Min. 18,671	
Comtoise	1	» 4 ans 4 mois.	»	» 787	»	» 22,874	»
Agenaise	6	Max. 10 ans.	7 ans 1 mois.	Max. 1,160	1,056	Max. 27,946	23,196
		Min. 4 ans 5 mois.		Min. 955		Min. 21,494	
Charolaise	12	Max. 8 ans.	6 ans 8 m. 1/2.	Max. 1,160	1,023	Max. 28,630	23,256
		Min. 5 ans.		Min. 910		Min. 18,240	
Saintongeoise	1	» 8 ans.	»	» 899	»	» 23,597	»
Durham-charolaise	4	Max. 6 ans 9 mois.	5 ans 7 mois 1/2.	Max. 1,157	973	Max. 27,160	23,784
		Min. 4 ans 10 mois.		Min. 744		Min. 18,650	
Cotentine	5	Max. 8 ans.	7 ans.	Max. 1,340	1,176	Max. 34,019	25,981
		Min. 6 ans.		Min. 1,025		Min. 22,334	
Durham-suisse	1	» 7 ans.	»	» 915	»	» 26,668	»
Bourbonnaise	3	Max. 7 ans 2 mois.	6 ans 5 mois.	Max. 1,013	979	Max. 33,762	27,871
		Min. 6 ans.		Min. 950		Min. 22,322	
Bressanne	1	» 6 ans.	»	» 1,155	»	» 28,910	»
	64						

N° 20 *bis*.

VACHES AGÉES DE 4 A 17 ANS.

Classification proportionnelle du poids des abats ou issues, etc., pour 100 de poids vif.

RACES.	NOMBRE de vaches.	AGE. Extrêmes.	AGE. Moyennes.	POIDS VIF. Extrêmes.	POIDS VIF. Moyennes.	POIDS PROPORTIONNEL DES ABATS OU ISSUES. Extrêmes.	POIDS PROPORTIONNEL DES ABATS OU ISSUES. Moyennes.
Devon	6	Max. 8 ans Min. 5 ans 3 m.	6 ans 7 m.	Maxima, 640 k. Minima, 530	565 k.	Maxima, 23 k. 759 Minima, 15 351	19 k. 139
Durham-Cotentine	1	» 3 ans 8 m.	»	» 618	»	» 20 973	»
Durham	18	Max. 17 ans Min. 5 ans	9 a. 7 m. 20 j.	Max. 950 Min. 665	767	Max. 27 610 Min. 19 180	22 916
Herefort	2	Max. 7 ans 3 m. Min. 5 ans 11 m.	6 ans 7 m.	Max. 720 Min. 607	663	Max. 31 668 Min. 23 726	27 697
Cotentine	2	Max. 6 ans 11 m. Min. 6 ans 3 m.	6 ans 7 m.	Max. 740 Min. 652	696	Max. 32 593 Min. 30 339	31 466
	29						

En parcourant ces trois tableaux on est frappé du poids proportionnel très-peu élevé des abats des animaux primés, comparé à celui des meilleurs bœufs amenés aux grands marchés d'approvisionnements de la capitale. La différence, en effet, est de 3 à 11 pour 100 chez les bœufs de 2 à 4 ans, et de 2 à 11, également pour 100, pour les animaux âgés de 4 à 10 ans. Les bœufs bourbonnais et les vaches hereforts ont, en moyenne, égalé le poids de 27 pour 100; les vaches cotentines seules l'ont dépassé de 4 pour 100.

On s'aperçoit aussi bien vite, en se reportant aux rendements proportionnels en viande des quatre quartiers et en graisse pour 100 de poids vif, et au poids proportionnel du cuir également pour 100 de poids vif, que ce sont les animaux qui ont donné le plus fort rendement en chair qui ont fourni le moins d'issues ou d'abats.

Mais, dans le but de rendre la comparaison plus frappante encore, nous nous sommes emparé des moyennes de ces trois tableaux, et nous en avons formé un quatrième qui démontre d'une manière rigoureuse non-seulement les rapports avec le rendement en chair, mais encore avec celui de la graisse et le poids du cuir.

Voici ce quatrième tableau :

N° 21. **TABLEAU COMPARATIF**

de la moyenne proportionnelle du poids des abats ou issues, avec le rendement de la moyenne du poids proportionnel de la viande, de la graisse et du cuir pour 100 de poids vif.

RACES.	SEXE.	MOYENNE de l'âge.	MOYENNE du poids vif.	MOYENNE PROPORTIONNELLE pour 100 de poids vif en			
				ABATS.	VIANDE.	GRAISSE.	CUIR.
			k.	k.	k.	k.	k.
DURHAM-SCHWITZ...	Bœufs.	3 ans 8 m.	845	18,754	66,251	8,923	6,071
LIMOUSINE.........	Id.	7 ans.	911	18,695	66,677	7,698	6,926
—	—	—	—	—	—	—	—
SALERS............	Bœufs.	5 ans 8 m.	955	19,077	65,044	7,414	6,083
DEVON.............	Vaches.	6 a. 7 m. 1/2	565	19,139	64,356	9,641	5,095
DURHAM-CHAROLAISE.	Bœufs.	3 ans 7 m.	860	19,389	65,505	9,266	6,426
DURHAM-COTENTINE..	Id.	4 a. 7 m. 1/2	925	19,424	62,588	12,095	5,892
DURHAM-MANCELLE..	Id.	3 ans 5 m.	777	19,699	65,873	8,471	5,957
—	—	—	—	—	—	—	—
CHOLETAISE........	Bœufs.	6 a. 6 m. 1/2	844	20,473	63,648	9,578	6.299
DURHAM-COTENTINE..	Id.	3 ans 7 m.	867	20,743	64,472	8,848	6,041
—	—	—	—	—	—	—	—
DURHAM..........	Id.	6 ans 9 m.	987	21,378	65,455	6,907	6,359
—	—	—	—	—	—	—	—
DURHAM...........	Bœufs.	3 a. 3 m. 1/2	811	22,216	61,388	6,524	5,300
AGENAISE..........	Id.	3 a. 10 m. 1/2	881	22,263	62,841	7,801	7,093
COTENTINE.........	Id.	3 a. 3 m. 1/2	905	22,439	63,136	8,551	5,925
DURHAM...........	Vaches.	9 a. 7 m. 1/2	767	22,916	63,385	8,521	5,194
—	—	—	—	—	—	—	—
AGENAISE..........	Bœufs.	7 ans 6 m.	1,056	23,196	62,740	8,603	4,458
CHAROLAISE........	Id.	6 a. 8 m. 1/2	1,023	23,256	62,489	8,391	6,626
DURHAM-CHAROLAISE	Id.	5 a. 7 m. 1/2	973	23,784	62,905	7,205	6,094
—	—	—	—	—	—	—	—
CHAROLAISE........	Bœufs.	3 ans 8 m.	763	24,252	62,635	7,032	6,574
DEVON.............	Id.	3 a. 6 m. 1/2	698	24,379	62,178	7,748	6,027
—	—	—	—	—	—	—	—
COTENTINE.........	Bœufs.	7 ans.	1,176	25,981	58,701	9,555	5,782
—	—	—	—	—	—	—	—
HEREFORT.........	Vaches.	6 ans 7 m.	663,500	27,697	59,477	7,887	4,788
BOURBONNAISE.....	Bœufs.	6 ans 5 m.	979	27,871	58,746	7,569	5,813
—	—	—	—	—	—	—	—
COTENTINE.........	Vaches.	6 ans 7 m.	696	31,466	52,541	9,911	6,081

Ce dernier tableau démontre, d'une manière bien évidente, que le plus faible poids moyen des abats correspond au rendement le plus élevé en chair des quatre quartiers dans les races différentes, et dans les animaux de sexe, d'âge et de poids différents.

Or de ce rapprochement comparatif et des faits pratiques observés jusqu'à ce jour ne sommes-nous pas positivement autorisé à conclure que le peu de volume de l'abdomen, le délié de la charpente osseuse, la finesse de la tête, des cornes, de la queue, des côtes, etc., auxquels caractères il faut joindre une profonde et ample poitrine et un grand développement des masses musculaires de la croupe, des reins et des épaules, sont les principaux caractères indiquant un rendement considérable en chair des quatre quartiers chez les bœufs destinés à la boucherie, et que ce sont assurément ces grands caractères qui doivent être recherchés chez les animaux dont on désire perfectionner la précocité ?

Quant au rendement en graisse, le même tableau fait voir que les rapports du poids proportionnel du suif ne s'accordent que très-irrégulièrement avec le poids moyen proportionnel des abats. C'est là aussi un fait remarquable que nous tenions à noter, sans en chercher, quant à présent, la signification.

La colonne qui représente le chiffre moyen proportionnel du cuir met de nouveau en relief toute l'irrégularité du poids de l'enveloppe cutanée avec les rendements en chair, en graisse, et les abats.

Il nous reste à traiter une question qui, à nos yeux, est de nature à fixer l'attention de la société, et qui aussi intéresse particulièrement les éleveurs et les engraisseurs.

On sait que deux éleveurs très-distingués se partagent les premiers prix des jeunes bœufs à Poissy, et se disputent le prix principal ou d'honneur : l'un est M. de Torcy, résidant à Durcet (Orne); l'autre est notre honorable collègue M. de Behague, demeurant à Dampierre-sur-Loire (Loiret).

Certes les bœufs élevés et engraissés par ces deux messieurs sont et ont été, depuis l'année 1847, considérés comme les plus beaux bœufs du concours de Poissy.

En 1847, un bœuf durham-charolais, élevé et engraissé par M. de Behague, a remporté le premier prix des jeunes bœufs et le prix principal, battant les bœufs charolais, les durhams-cotentins et les durhams-schwitz.

En 1849 et en 1850, les beaux bœufs durhams-charolais de M. de Behague ont été vaincus par les non moins beaux bœufs durhams-schwitz de M. de Torcy. Les avis des connaisseurs, en 1849 comme en 1850, étaient partagés sur les qualités et les rares défauts des animaux exhibés par les deux cocurrents. Mais, deux années de suite, le jury a décerné le prix des jeunes bœufs et le prix d'honneur à M. de Torcy. Loin de nous, la pensée de critiquer en quoi que ce soit les opérations et la décision du jury du concours sur la préférence qu'il a accordée au durham-schwitz; mais cependant son jugement en 1849 et 1850 n'a pas été, pour nous du moins, à l'abri de quelques observations que nous désirons faire connaître à la Société.

La décision que porte le jury doit reposer 1° sur la perfection des formes, 2° sur la précocité, 3° sur l'engraissement plus ou moins parfait, 4° sur le poids des animaux, 5° sur la qualité et le rendement présumé de la viande et de la graisse.

Or, dans le but de rendre la société juge de nos remarques, nous nous permettrons de lui faire connaître, d'après le compte rendu officiel des concours, l'âge, le poids vif, la perfection des formes, l'engraissement et le rendement en chair et en graisse des deux bœufs hors ligne appartenant à MM. de Torcy et de Behague, et appelés à disputer le prix principal ou d'honneur en 1849 et en 1850.

N° 21 *bis*. *Tableau comparatif de l'âge et de la mensuration du bœuf de M. de Torcy et du bœuf de M. de Behague, appelés à se disputer le prix principal du concours de Poissy en* 1849.

AGE ET MENSURATION.	BŒUF durham-schwitz de M. de Torcy.	BŒUF durham-charolais de M. de Behague.
Age	3 a. 8 m.	2 a. 9 m.
Poids vif	955 k.	720 k.
Mensuration. — Taille	$1^{m},51$	$1^{m},42$
Mensuration. — Circonférence du thorax — oblique	$2^{m},55$	$2^{m},35$
Mensuration. — Circonférence du thorax — circulaire, système Dombasle	$2^{m},70$	$2^{m},45$
Mensuration. — Largeur des hanches	$0^{m},70$	$0^{m},60$
Mensuration. — Longueur de la hanche à la queue	$0^{m},55$	$0^{m},51$
Mensuration. — Longueur totale de la hanche	$0^{m},61$	$0^{m},55$
Mensuration. — Grosseur de l'avant-bras	$0^{m},52$	$0^{m},54$
Mensuration. — Grosseur du canon	$0^{m},23$	$0^{m},20$
Mensuration. — Long. de l'an. de la nuque à la queue	$2^{m},30$	$2^{m},20$
Mensuration. — Longueur de l'apophyse antérieure du garrot à la queue	$1^{m},55$	$1^{m},41$

Ce tableau fait voir 1° que le bœuf de M. de Torcy était plus âgé de *onze mois* ou de près d'une année que le bœuf de M. de Behague; 2° que la mensuration comparée de la taille, de la longueur du corps, de la poitrine et des hanches des deux animaux donnait plusieurs centimètres de plus au bœuf de M. de Torcy.

Mais nous devons faire remarquer qu'en se reportant à l'âge des deux bœufs on doit admettre comme très-probable que, si le bœuf de M. de Behague avait eu *onze mois de plus*, sa mensuration aurait égalé au moins, sinon plus, celle de l'animal de M. de Torcy. Et, si nous devions reproduire ici l'opinion que nous avons émise le jour du concours, nous dirions que le bœuf durham-charolais de M. de

Behague, quoique moins haut, moins gros que le durham-schwitz de M. de Torcy, annonçait par la régularité et la perfection rare de ses formes, le peu de volume de son système osseux, sa nature parfaite, l'épaisseur et la longueur des masses musculaires de sa croupe, de ses fesses et de ses épaules, la fermeté de ses maniements, annonçait, disons-nous, que son rendement en chair et en graisse devait être considérable; il nous paraissait, toutefois, devoir être plus fort que celui du bœuf durham-schwitz de M. de Torcy.

Le rendement comparé des deux animaux, que nous consignons ici, démontre que notre jugement ne nous avait point trompé. Voici ce tableau :

N° 22. *Tableau comparatif du rendement des deux jeunes bœufs primés en 1849, et appartenant à MM. de Torcy et de Behague.*

ANNÉE.	PRIX.	NOMS DES LAURÉATS.	RACES DES BŒUFS.	AGE.	POIDS VIF.	PROPORTION POUR 100 DE POIDS VIF en				QUALITÉ DE LA CHAIR.	QUALITÉ DE LA GRAISSE.	JOURS ÉCOULÉS DEPUIS LE CONCOURS JUSQU'A L'ABATAGE.
						viande des 4 quartiers	graisse.	cuir.	abats.			
					k.	k.	k.	k.	k.			
1849	1er prix et prix principal.	De Torcy.	Durh.-schwitz.	3 ans 8 m.	955	67,958	7,539	6,283	18,220	1re qual.	1re qual	4 jours.
Id.	2e prix.	De Behague	Durh.-charolais	2 ans 9 m.	720	68,052	7,916	5,906	18,126	1re qual.	1re qual	»

Comme on le voit, la balance, en constatant le rendement en chair et en graisse plus considérable, et le poids moins élevé en cuir et en issues chez le bœuf de M. de Behague que chez le bœuf de M. de Torcy, est donc venue donner tort au jury.

En 1850, les deux concurrents se trouvent encore en présence, et de part et d'autre ils exhibent de magnifiques jeunes bœufs; les connaisseurs les entourent, les mesurent et les touchent avec empressement.

Le jury constate lui-même l'âge, la hauteur, la longueur, le développement de la poitrine, la largeur de la croupe, le volume des os d'un bœuf durham-schwitz exhibé par M. de Torcy, et d'un bœuf durham-charolais appartenant à notre collègue M. de Behague.

Les deux animaux étaient d'un engraissement parfait : leur âge était de 3 ans à 3 ans 9 mois; leur nature indiquait une très-grande précocité. Cependant le bœuf de M. de Behague, à notre avis du moins, avait des maniements fermes; ses chairs étaient dures et paraissaient compactes. Le bœuf de M. de Torcy, au contraire, avait des maniements mous; ses chairs étaient lâches; il paraissait, que l'on nous pardonne cette expression pour rendre notre pensée, il paraissait comme soufflé. Une partie du jury pouvait être incertaine sur le rendement des deux animaux, à la suite de l'examen le plus attentif; mais MM. les bouchers membres du jury ne pouvaient se méprendre à cet égard. En admettant cependant que le jury dût hésiter sur la précocité et l'engraissement plus ou moins parfait, comme aussi sur le plus fort rendement des deux animaux, il ne devait, il ne pouvait avoir aucun doute sur la meilleure conformation du bœuf de M. de Behague.

Les deux bœufs ont été mesurés par le jury, et voici le résultat de son opération consigné dans le compte rendu officiel :

N° 22 *bis*. *Tableau comparatif de l'âge et de la mensuration du bœuf de M. de Torcy et du bœuf de M. de Behague, appelés à se disputer le prix principal du concours de Poissy en* 1850.

AGE ET MENSURATION.			BŒUF durham-schwitz de M. de Torcy.	BŒUF durham-charolais de M. de Behague.
Age			3 a. 6 m.	3 a. 9 m.
Poids vif			865 k.	970 k.
Mensuration.	Taille		$1^m,43$	$1^m,42$
	Circonférence du thorax	circulaire	$2^m,46$	$2^m,51$
		oblique	$2^m,52$	$2^m,63$
	Largeur des hanches		$0^m,66$	$0^m,70$
	Longueur de la hanche à la queue		$0^m,55$	$0^m,62$
	Longueur totale de la hanche		$0^m,60$	$0^m,63$
	Grosseur de l'avant-bras		$0^m,48$	$0^m,51$
	Grosseur du canon		$0^m,22$	$0^m,22$
	Longueur de l'animal de la nuque à la queue		$2^m,10$	$2^m,08$

Ainsi le bœuf de M. de Behague est plus ramassé, moins élevé, plus court, plus gros que celui de M. de Torcy; son bassin, qui forme la base de la croupe, et autour duquel s'accumulent les masses de viande de première qualité, est plus large; sa poitrine est plus vaste et plus profonde, son avant-bras plus gros, son poids plus élevé de **105** kilogr.; ses maniements sont plus développés et plus fermes, ses chairs plus compactes; et cependant le jury couronne le bœuf de

M. de Torcy. Voyons cependant si, après l'abatage des deux bœufs, quatre jours après le concours, la balance est venue justifier la décision du jury. Voici le rendement des deux bœufs :

N° 25. *Tableau du rendement comparatif des deux jeunes bœufs primés en 1850, et appartenant à MM. de Torcy et de Behague.*

ANNÉE.	PRIX.	NOMS DES LAURÉATS.	RACÉS DES BŒUFS.	AGE.	POIDS VIF.	PROPORTION POUR 100 DE POIDS VIF en				QUALITÉ DE LA CHAIR.	QUALITÉ DE LA GRAISSE.	JOURS ÉCOULÉS DEPUIS LE CONCOURS JUSQU'A L'ABATAGE.
						viande des 4 quartiers	graisse.	cuir.	abats.			
					k.	k.	k.	k.	k.			
1850	1er prix et prix principal.	De Torcy.	Durh.-schwitz.	3 ans 6 m.	865	67, 167	9, 076	5, 549	18, 208	»	»	4 jours.
Id.	2e prix.	De Behague	Durh.-charolais	3 ans 9 m.	970	68, 608	10, 876	5, 670	14, 846	»	»	4 jours.

Ainsi, en 1849 aussi bien qu'en 1850, le rendement des deux bœufs de M. de Behague est donc venu contredire la décision du jury (1). A cette occasion, nous devons dire aussi que les comptes rendus des concours de Poissy (1845), de Lyon (1847 et 1849), de Bordeaux, et notamment de Lyon (1850), signalent des erreurs de la même nature, mais dont la gravité n'est pas aussi fâcheuse que celles dont il est question, puisqu'il s'agit ici d'un prix principal ou d'honneur. Or ces faits, pour les éleveurs, les engraisseurs et le public en général, ont beaucoup de gravité, et il est à désirer que, dans l'intérêt de l'agriculture comme dans celui réservé à la grande et belle institution des concours de boucherie, ils ne se reproduisent plus.

Pour nous, la recherche de la justification de notre opinion sur les bœufs de M. de Behague a été l'occasion d'une intéressante étude. Nous avons voulu savoir *si*, *en comparant les moyennes des rendements particuliers de tous les animaux présentés au concours de Poissy par MM. de Torcy et de Behague, exhibés* par ce dernier au marché de Sceaux en 1848, et exposés dans les galeries de l'industrie nationale en 1849, *le chiffre le plus élevé de ces moyennes n'appartiendrait pas encore à M. de Behague*. De cette comparaison pouvaient, d'ailleurs, surgir des vérités utiles aux agriculteurs.

Pour parvenir au but que nous désirions atteindre, nous avons dressé le tableau mémorandum suivant :

(1) On a dû remarquer que la qualité de la chair et de la graisse n'est pas spécifiée dans ce dernier tableau ; ces renseignements manquent au compte rendu officiel ; ils auraient pourtant été fort utiles pour élucider le sujet qui nous occupe. Nous aurions désiré beaucoup formuler notre opinion, mais à notre grand regret il ne nous a point été possible de nous rendre à l'abatage des deux animaux.

N° 23 *bis.* MÉMORANDUM *des prix décernés à MM. de Torcy et de de leur poids, de leur rendement en chair et en*

ANNÉES.	LIEUX.	ENGRAIS-SEURS.	BŒUFS.	NOMBRE.	RACES.	AGE.	POIDS VIF.	RENDEMENT proportionnel en Chair.	Graisse.
							k.	k.	k.
1845	Poissy.	De Torcy.	Bœuf	1	Durham pure....	3 ans 2 mois.	825	64,000	5,909
1846	Id.	Id.	Id.	1	Durh.-normande..	3 ans 4 mois.	960	61,510	8,178
1846	Id.	Id.	Id.	1	Durh.-cotentine..	3 ans 5 mois.	761	60,381	10,249
1847	Id.	Id.	Id.	1	Durh.-normande..	4 ans 3 mois.	915	62,076	10,928
1847	Id.	Id.	Id.	1	Durh.-schwitz....	4 ans 1 mois.	915	64,043	9,617
1847	Id.	Id.	Id.	1	Durh.-schwitz. ..	3 ans 2 mois.	655	63,511	10,916
1849	Id.	Id.	Id.	1	Durh.-schwitz ...	3 ans 8 mois.	955	67,958	7,539
1849	Id.	Id.	Id.	1	Durh.-cotentine ..	3 ans 5 mois.	779	68,998	9,242
1849	Id.	Id.	Id.	1	Durh.-cotentine ..	3 ans 8 mois.	800	66,250	9,187
1849	Id.	Id.	Id.	1	Durham pure....	8 ans 10 mois.	857	66,744	6,651
1850	Id.	Id.	Id.	1	Durh.-schwitz....	3 ans 6 mois.	865	67,167	9,076
1850	Id.	Id.	Id.	1	Durh.-cotentine..	3 ans 11 mois.	951	66,351	9,989
1850	Id.	Id.	Id.	1	Durh-schwitz	4 ans.	837	68,578	7,467
1850	Id.	Id.	Id.	1	Durh.-cotentine..	5 ans.	935	63,101	13,262
1847	Poissy.	De Behague	Bœuf	1	Durh.-charolaise.	3 ans 8 mois.	825	65,612	9,333
1848	Exhibé à Sceaux.	Id.	Id.	1	Durh.-charolaise.	Au-dessous de 4 ans.	840	65,416	10,005
1848	Id.	Id.	Id.	1	Durh.-charolaise.	Au-dessous de 4 ans.	1050	67,428	»
1849	Poissy.	Id.	Id.	1	Durh.-charolaise.	2 ans 9 mois.	720	68,056	7,916
1849	Id.	Id.	Id.	1	Durh.-cotentine..	3 ans.	728	68,818	9,752
1849	Exposition nationale.	Id.	Id.	1	Durh.-charolaise.	3 ans 3 mois.	975	64,615	12,615
1850	Poissy.	Id.	Id.	1	Durh.-charolaise.	3 ans 9 mois.	970	68,608	10,876
1850	Id.	Id.	Id.	1	Durh.-charolaise.	3 ans 8 mois.	970	64,948	14,432
1850	Id.	Id.	Id.	1	Durh.-mancelle..	3 ans 4 mois.	770	69,610	8,441
1850	Id.	Id.	Id.	1	Durh.-normande.	3 ans 3 mois.	840	69,523	8,214

Behague au concours de Poissy, de 1845 à 1850; de l'âge des animaux, graisse, etc., etc., proportionnellement à 100 de poids vif.

POIDS proportionnel en Cuir.	POIDS proportionnel en Issues par différence.	PRIX REMPORTÉS.	QUALITÉ DE LA CHAIR.	QUALITÉ DE LA GRAISSE.	TEMPS ÉCOULÉ depuis le concours jusqu'au jour de l'abatage.
k.	k.				
6,091	24,000	2e prix, jeunes bœufs.	Seconde, chair non mélangée.	Sèche.	»
5,781	24,531	1er prix, id.	1re qualité supérieure, grain moins fin que le cotentin à la coupe.	Belle, bien mûre.	»
6,438	22,932	2e prix, bœufs de 799 k.	1re qual., fine de grain, marb.	Mûre et ferme, d'un beau jaune	»
5,901	21,095	3e prix, jeunes bœufs, quel qu'en soit le poids.	Très-bonne 1re qualité.	1re qualité, belle couleur claire.	5 jours.
5,792	20,548	5e prix, jeunes bœufs.	1re qualité, fine.	Bonne et bien mûre, couleur d'un bon cotentin, pas jaune.	5 jours.
6,641	18,932	3e prix de races.	1re qualité.	1re qual., couleur un peu jaune	5 jours.
6,283	18,220	1er prix, jeunes bœufs.	Viande délicate et fine. L'animal était une véritable boule de graisse; ses membres étaient très-petits et ses côtes très-minces.	»	4 jours.
5,327	16,433	3e prix, id.	De très-belle couleur, ne laissant rien à désirer.	De très-belle couleur, ne laissant rien à désirer.	4 jours.
6,000	18,563	6e prix, id.	»	»	7 jours.
7,934	18,671	2e prix de races.	Viande sans finesse, mais tendre.	Suif mûr.	4 jours.
5,549	18,208	1er prix, jeunes bœufs.	»	»	4 jours.
5,993	17,667	3e prix, id.	»	»	4 jours.
6,093	17,862	2e prix, id.	»	»	3 jours.
5,883	17,754	Non primé.	»	»	»
6,666	18,329	1er prix, jeunes bœufs.	1re qualité, sans finesse.	Jaune clair.	8 jours.
5,773	18,806	»	Très-belle, grain un peu gros.	»	»
»	»	»	»	»	»
5,902	18,126	2e prix, jeunes bœufs.	Excellente.	»	»
5,219	16,211	5e prix de races.	»	»	4 jours.
5,025	17,692	»	Qualité tout à fait supérieure, parfaitement marbrée et persillée.	Magnifique, blanche, aussi fine et aussi faite que celle d'un bœuf de 4 à 6 ans.	»
5,670	14,846	2e prix, jeunes bœufs,	»	»	4 jours.
5,515	15,105	5e prix, ib.	»	»	9 jours.
5,064	16,885	3e prix de races.	»	»	»
6,011	16,252	Non primé.	»	»	»

En consultant ce mémorandum, on constate avec regret 1° que les renseignements sur la qualité de la viande et de la graisse manquent sur un assez grand nombre de bœufs de MM. de Torcy et de Behague ; 2° que le temps qui s'est écoulé depuis l'époque du concours jusqu'au jour de l'abatage n'a pas été noté en regard du rendement de chaque animal. L'absence de ces renseignements nous a frappé ; car il nous semble qu'il était possible à M. de Torcy, aussi bien qu'à M. de Behague, de les fournir à l'administration. Cette négligence est d'autant plus regrettable que le temps, ainsi que nous l'avons déjà fait remarquer, qui s'écoule depuis le concours jusqu'au moment du sacrifice des animaux, apporte de très-notables différences dans le rendement en chair et en graisse, proportionnellement au poids vif.

Quoi qu'il en soit, on peut se convaincre, en jetant les yeux sur ce mémorandum, que le rendement des bœufs de M. de Behague est, en somme, supérieur à celui des bœufs de M. de Torcy.

La comparaison des moyennes consignées dans le tableau qui suit rend ce résultat plus saillant encore.

N° 24.

TABLEAU COMPARATIF

des moyennes du rendement proportionnel des bœufs appartenant à **MM.** *de Behague et de Torcy.*

ANNÉES.	NOMS des éleveurs et engraisseurs.	NOMBRE DE BOEUFS.	PRIMES.	Exhibés à l'exposition nationale, à Poissy ou à Sceaux.	RACES.	MOYENNE de l'AGE.	MOYENNE DU POIDS VIF.	RENDEMENT pour 100 de poids vif — en viande des 4 quartiers.	RENDEMENT pour 100 de poids vif — en graisse.	POIDS PROPORTIONNEL pour 100 de poids vif — du cuir.	POIDS PROPORTIONNEL pour 100 de poids vif — des abats ou issues.	QUALITÉ de la CHAIR.	QUALITÉ de la GRAISSE.	JOURS ÉCOULÉS depuis le concours jusqu'à l'abatage des animaux.
							k.	k. g.	k. g.	k. g.	k. g.			
De 1847 à 1850.	De Behague.	10	6	4	7 Durh.-charolaise. 2 Durh.-cotentine.. 1 Durh.-mancelle..	3 ans 5 mois 15 jours.	868	67,269	10,176	5,649	16,917	Première qualité, très-belle.	Première qualité, belle..	2 bœufs abattus 4 j. après le concours. 1 bœuf abattu après 8 jours, et 1 après 9 jours. 6 non notés.
De 1845 à 1850.	De Torcy. .	14	15	1	7 Durh.-cotentine.. 5 Durh.-schwitz.... 2 Durham..........	4 ans 1 mois 10 jours.	858	65,047	9,158	6,122	19,672	Première qualité, superbe.	Première qualité, superbe.	1 bœuf abattu 3 jours après le concours, 5 après 4 j., 3 après 5 j., 1 après 7 j. 4 non notés.

Ce tableau démontre donc de nouveau que les bœufs de M. de Behague donnent un rendement plus élevé en chair des quatre quartiers et en graisse que ceux de M. de Torcy, et que le poids proportionnel de leur cuir et de leurs issues est moins considérable.

Nous avons déjà fait remarquer, page 22, que les quatre bœufs durhams-schwitz de M. de Torcy avaient donné en moyenne, après les durhams purs, le plus fort rendement en chair de première qualité ou de 34,282 pour 100 de viande débitée. Nous aurions désiré beaucoup comparer ce superbe rendement avec la moyenne de celui fourni par les bœufs de M. de Behague ; mais malheureusement les renseignements pour établir cette moyenne nous ont manqué. Le seul bœuf de M. de Behague, dont le rendement en viande débitée ait été noté dans les comptes rendus officiels, est le bœuf durham-charolais, âgé de 3 ans 3 mois, qui a remporté le prix principal ou d'honneur en 1847. Ce bel animal a donné 34 kilog. 501 pour 100 de viande débitée, et, comme on le voit, un chiffre plus élevé que celui des moyennes du rendement des quatre bœufs durham-schwitz de M. de Torcy.

Nous ferons observer enfin que, bien que la qualité de la chair des bœufs de M. de Behague n'ait pas été exactement notée, cette qualité ne nous a cependant pas paru inférieure à celle spécifiée en regard des bœufs de M. de Torcy.

Des documents qui précèdent ne sommes-nous pas autorisé à conclure que les bœufs élevés et engraissés au domaine de Dampierre (Loiret), par M. de Behague, sont supérieurs à ceux élevés et engraissés au domaine de Durcet (Orne), et que, par conséquent, à M. de Behague appartient l'honneur d'avoir exhibé, jusqu'à présent, les plus beaux bœufs métis durham perfectionnés dans les concours de boucherie ou ailleurs.

En résumé, des documents fournis par les comptes rendus officiels des concours du gros bétail de boucherie, que nous avons cherché à utiliser dans ce travail, nous pensons pouvoir conclure

1° Que les bêtes bovines précoces, âgées de 2 à 4 ans, bien engraissées donnent en moyenne un poids vif presque aussi élevé que celui des bêtes âgées de 4 à 10 ans;

2° Que les jeunes bœufs de 2 à 4 ans donnent un rendement proportionnel en chair nette des quatre quartiers plus considérable que les bœufs et les vaches au-dessus de cet âge, et un rendement moyen de 6 pour 100 au-dessus du rendement des bœufs les mieux engraissés, tués dans les abattoirs de la capitale;

3° Que ces jeunes bœufs, toujours âgés de 2 à 4 ans, donnent également un rendement plus élevé *en chair de première qualité* que les bœufs adultes âgés de 4 à 8 ans;

4° Que, à l'égard de ce rendement *en chair de première qualité*, les jeunes vaches durhams et devons et les jeunes bœufs durhams donnent le plus fort rendement, mais que, parmi les bœufs âgés de 4 à 10 ans, les bœufs de Durham et de Salers donnent le rendement le plus élevé, et les cotentins le plus bas;

5° Que, en ce qui touche le rendement de la chair nette des quatre quartiers pour 100 du poids vif, les bœufs durhams et les métis de cette race âgés de 2 à 4 ans, les métis durhams, schwitz, mancelles, charolais, cotentins, etc., donnent le rendement le plus supérieur et les durhams purs le plus inférieur;

6° Que, en ce qui touche le rendement en chair nette également des quatre quartiers, les bœufs de 4 à 10 ans limousins, salers et choletais donnent le rendement le plus fort, tandis que les bœufs cotentins et les bourbonnais fournissent le plus faible; que les durhams-charolais, cotentins et charolais purs tiennent le milieu entre ces deux extrêmes;

7° Que la chair des bœufs de 2 à 4 ans est aussi belle et aussi mûre que celle des bœufs plus âgés;

8° Que le rendement proportionnel en graisse pour 100 de poids vif des jeunes bœufs donne, en moyenne, un chiffre égal à celui des bœufs âgés, et que cette graisse est aussi fine, d'un jaune aussi clair, et aussi mûre enfin, que celle des vieux bœufs;

9° Que le poids du cuir des bœufs améliorés et précoces est, généralement, moins élevé pour 100 de poids vif que celui des plus beaux bœufs conduits aux marchés de Sceaux et de Poissy, mais qu'il n'existe aucun rapport bien déterminé entre le poids plus ou moins fort du cuir, le rendement en chair et en graisse, et le poids proportionnel des issues;

10° Que le poids proportionnel des abats des animaux perfectionnés, est généralement très-inférieur à celui des plus beaux bœufs abattus à Paris, et que ce faible poids est toujours dans un rapport constant avec le rendement le plus élevé en chair nette des quatre quartiers dans les races différentes et chez des animaux de sexe, d'âge et de poids différents, mais que ce rapport n'existe point à l'égard du rendement proportionnel de la graisse et le poids proportionnel du cuir;

11° Que, dans l'intérêt de l'agriculture et de l'avenir de la belle et grande institution des concours de boucherie, il est à désirer que les jugements des jurys ne se trouvent plus en désaccord avec le perfectionnement des formes, la précocité et les rendements fournis par les animaux primés.

Extrait des *Mémoires* de la Société nationale et centrale d'agriculture.
Année 1850, deuxième partie.

Paris. — Imp. de Mme Ve Bouchard-Huzard, rue de l'Éperon, 5.